2020年度浙江省哲学社会科学规划课题成果（项目编号：20NDJC352YBM）

明清江南私家园林拾遗

张永玉　吕海萍　著

吉林大学出版社
·长春·

图书在版编目（CIP）数据

明清江南私家园林拾遗 / 张永玉，吕海萍著. — 长春 : 吉林大学出版社，2023.1
ISBN 978-7-5768-0287-0

Ⅰ. ①明… Ⅱ. ①张… ②吕… Ⅲ. ①私家园林－园林艺术－研究－华东地区 Ⅳ. ①TU986.5

中国版本图书馆 CIP 数据核字（2022）第 151697 号

书　　名：明清江南私家园林拾遗
　　　　　MING-QING JIANGNAN SIJIA YUANLIN SHIYI

作　　者：张永玉　吕海萍　著
策划编辑：邵宇彤
责任编辑：李潇潇
责任校对：王默涵
装帧设计：优盛文化
出版发行：吉林大学出版社
社　　址：长春市人民大街 4059 号
邮政编码：130021
发行电话：0431-89580028/29/21
网　　址：http://www.jlup.com.cn
电子邮箱：jldxcbs@sina.com
印　　刷：三河市华晨印务有限公司
成品尺寸：190mm×245mm　　16 开
印　　张：13
字　　数：256 千字
版　　次：2023 年 1 月第 1 版
印　　次：2023 年 1 月第 1 次
书　　号：ISBN 978-7-5768-0287-0
定　　价：88.00 元

作者简介

张永玉，安徽蒙城人，本科，硕士，副教授。主要从事环境艺术设计、建筑室内设计、园林工程的教学与研究工作。发表论文10余篇；主持教育部产学合作协同育人项目1项，浙江省哲学规划课题1项，教育厅课题2项，浙江省软科学课题1项，金华社科联课题5项；指导浙江省大学生科技创新活动计划（新苗人才计划）项目5项；获外观专利授权5项，实用新型专利授权1项，发明专利授权2项。

吕海萍，女，浙江省优秀阅读推广人，中共党员，东阳市博物馆（中国木雕博物馆、恐龙博物馆）副馆长。

发表论文《东阳金交椅山宋墓出土文物》《博物馆一线从业人员作风建设刍议》。

preface 前言

明清时期江南私家园林的经典作品众多，但很多名园随着历史的变迁已荡然无存，仅被记录在各类图书典籍当中，如《西湖游览志》《游金陵诸园记》《娄东园林志》《中国历代园林图文精选》等。这些园林游记类文学作品记录了这些名园的景色，也为今天研究明清江南私家园林艺术提供了重要资料。

江南私家园林是中国私家园林的代表。本书在结合前人研究的基础上综述明清时期江南私家园林的发展历史和艺术成就，对目前现存的遗落在大众视野之外的私家园林或者仅存遗址的私家园林的艺术价值进行挖掘，通过文字和图片展现给读者了，使其解江南现存名园之外的私家园林。书中还收录了一些游记的全文，以供读者体会古人造园的理想和情怀。

本书是2020年度浙江省哲学社会科学规划课题项目《明清江南私家园林拾遗研究》（项目批准号：20NDJC352YBM）的结题成果，主要对明清江南地区遗存的私家园林现状进行调查研究。本书共分七章，第一章绪论部分主要对所研究问题的提出、国内外研究现状、研究的主要内容以及意义价值进行分析；第二章介绍了明清江

南私家园林发展历史和艺术特色；第三章主要介绍荡然无存的私家园林，对浙江、江苏、上海等地的有历史记载的名园进行调查研究；第四章主要介绍了江南复建的明清江南名园；第五章介绍了现存的少见人研究的明清私家园林；第六章主要对江南的民居园林进行简要介绍；第七章主要对江南园林的细部构造及艺术价值进行分析。本书采用图文并茂的形式进行编撰，除个别照片引用自网络外，其余都是作者本人拍摄的一手资料。

《明清江南私家园林拾遗研究》一书，内容上和现有的江南私家园林类图书并不相同，避开现存的名园，寻找不被人熟知的私家园林或者消失的私家园林，它对相关研究来说是一个有益的补充，传统造园的魅力没有因为历史的变迁而被忘记，而是得到了再发现，因此，以现代景观设计的视角重新回顾古代园林艺术，是寻根之旅，也是开拓之行。

目录 contents

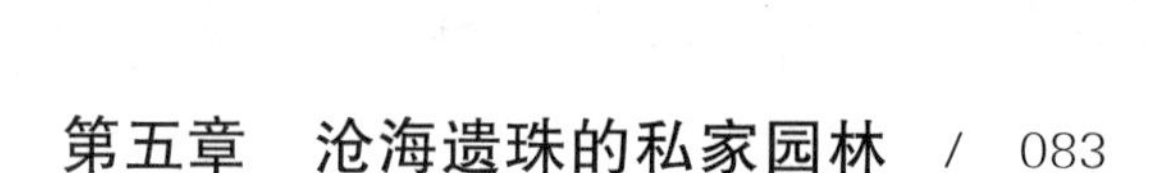

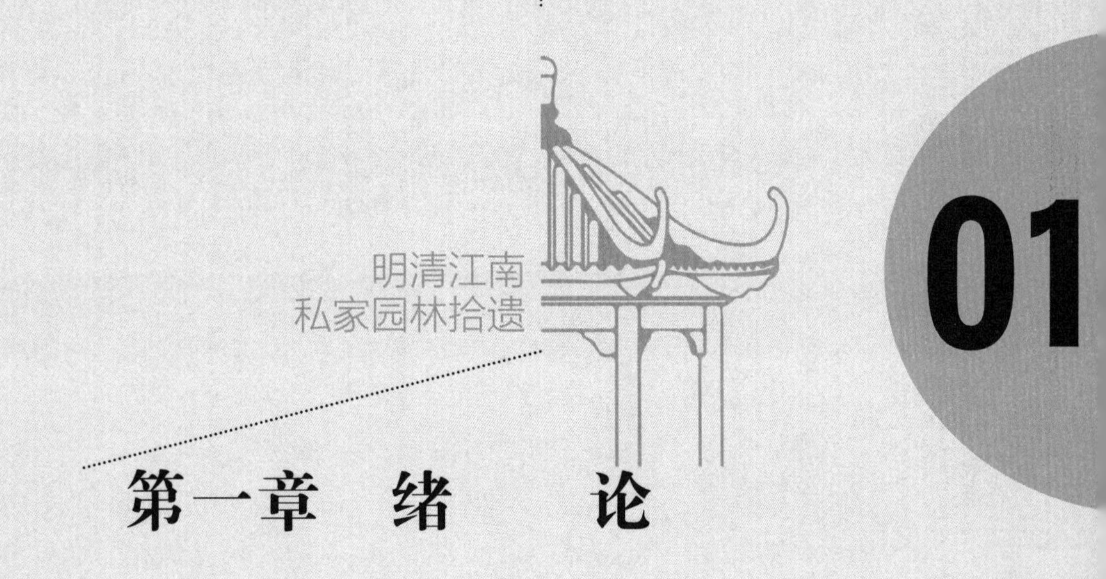

第一章 绪 论

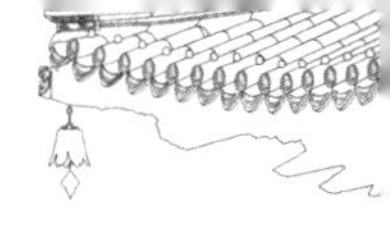

一、问题的提出

明清江南私家园林是中国传统园林发展鼎盛期的集大成者，是我国传统文化艺术和传统建筑中具有深远意义的物质和精神财富，蕴含了我国传统文化的精华和社会审美意识。明清时期的私家园林拥有诗情画意的外观和神形合一的感官效果，融合了园林建筑美和自然美。其在营造的尺度上提炼自然景观，展现“一峰则太华千寻，一勺则江湖万里”的小中见大意境，体现“道法自然，天人合一”的中国哲学思想。明清时期江南私家园林的造园艺术对当今城市园林景观设计起到借鉴作用，也是现代园林景观设计的理论和实践源泉。

随着中国经济社会的发展，城市化进程的加快，出现了一些优秀的仿古园林，但是也存在不少仿古园林没有真正领悟古典园林的精髓，在设计时有些不符合古典园林的特征。为什么会出现这样的问题呢？很多是因为其设计者对中国传统文化和历史的了解不够深入，对古典园林作品的理解不够深刻，或者其他客观因素。主要体现在以下几个方面：

（一）植物配置内涵不足

私家园林对植物种植的要求比一般公园绿化要高很多，要充分利用各种不同品种植物的特性和内涵体现自然之美，所以在植物配置上就要讲究审美艺术和文化艺术，在大小、高低、色彩等方面要充分考虑植物的特性，同时运用“君子比德”思想，这也是古典园林设计中经常使用的方法之一，如牡丹寓意着富贵、莲花寓意吉祥、梅花代表着坚强、石榴代表多子多福、柿子代表事事如意等等，这些在江南私家园林中比比皆是。

现在有些园林虽名为中式古典园林，但在建造古典建筑的同时，却使用具有西方特点的植物种植，如大面积修剪整齐的色块种植、图案的拼图等，有视觉效果，却没有中国古典园林中的植物自然情趣和内涵，没有体现中式园林的意境，没有在整体上产生呼应，没有了自然的趣味。

（二）地形改造形式单一

江南私家园林的布局注重因地制宜，讲究蜿蜒曲折、起伏跌宕，利用地形的高低差来塑造景观，从而带来丰富的视觉效果。反观现在的一些设计师，不太考虑地形的单调，在平面上营造古典园林，建造亭台楼阁等建筑，但是终究因为地形的原因，无法展示古典园林之美；或者强行改造地形，挖湖堆山，但是由于后期管理跟不上，导致山枯水竭，同样达不到预期效果。所以，地形是否符合营建古典园林，在前期考察勘测时就要注意，并在规划设计时就要进行认真考虑。

（三）建筑景观缺乏意境

意境是古典园林的精髓所在，不同的要素和装饰都会有不同的寓意，如铺装的图案、木雕纹样等都具有明显的象征意义。例如，古典园林中喜欢用云石作为踏步，象征平步青云。纵观现在的中式景观，装饰有了，但是没有深刻的文化内涵，没有主题意境，仅仅是现代景观而已。

（四）单纯模仿无法超越

现代造园，应该结合实际的环境，选择合适的造园内容。比如，古典园林中假山是一个基本要素，在私家园林中都是采用模拟山水，以小见大，体现造山的“高远、平远、深远”等境界，但是，如果不考虑外部环境，不分场合地进行假山营造，既体现不出山峦的气势，对原有的环境也是一种破坏。不能因为某个名园中大量使用了某种元素，就将其照搬到其他园林中去。

（五）景观修复缺少美感

笔者在考察中发现，很多传统园林被扩建。修复是好的，但扩建如果破坏了原有景观的整体性，只注重经济效益而不去关注美感，那将成为一个败笔。如果扩建中原有布局的整体性被破坏，统一性也就没有了。景观风格如果不一致，商业色彩严重，也就无法体现古典园林中如诗如画的意境美。有些扩建缺乏对文化历史的了解，对原有园林修建的年代模糊不清，对历史特色不明确，那么其细部就体现不出园林的美感，也就破坏了原有的景观特色。

（六）设计施工缺少协调

景观营造是一个复杂的系统工程，涉及建设、设计、施工、监理等部门的协调，而不同部门负责的项目是不同的，如果协调不好则会导致整个景观效果大打折扣。比如地下和地上的施工，如果协调不好，就会互相影响、互相破坏，那么一旦需要后续修补，景观的整体性就没有了。

面对如此多的问题，如何对古典园林进行传承和发展，让古典园林的造园意境手法等更加适应现代园林设计的发展趋势？如何相地立基，借景生情？如何小中见大，营造空间序列？这些问题的解决都有许多创作手法可以学习。虽然现在很多学者专家对古典园林艺术有了大量的研究，但仅仅对著名的古典园林有大篇幅的研究论证，而在江南各城市中还有很多被遗忘的角落没有引起专家学者的关注或者关注较少；因此，要想在中国现代城市景观、新农村规划设计中继承和发展中国传统的园林艺术，必然要对古典园林进行全面研究，这样才能不至于脱离民族的文化背景。本课题也是基于这样一个现状而被提出。

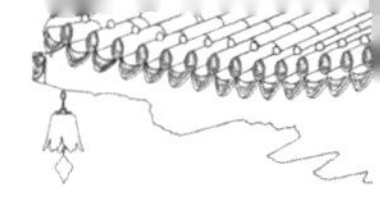

二、本课题国内外研究现状述评

中国古典园林是传统艺术中一个具有文化内涵和独特形式的艺术门类，一直深受国内外各界人士的青睐。20世纪中期以来，国内外学术界对中国古典园林开展了大量的调查和研究，已取得了丰硕成果。笔者通过查找且翻阅资料发现，近三十年，有关古典园林的著作数量众多，对内容丰富的私家园林多有研究，当然，也有一些是内容上的重复或者研究不够深入。所以，在正式开展研究之前，要对学术界在中国古典园林领域所取得的学术成果进行简述，介绍其研究方向和方法，以下分调查与研究两大类进行叙述。

自公元前11世纪起，中国古典园林开始在中国兴起和发展，同时中国也是世界上最早建造园林的国家。中国的造园艺术达到了一个比较高的水平，无论是从艺术手法还是空间营建方法来说，在世界上都处于领先地位，这些都是中国人民经过长期探索和创作的成果。中国古典园林艺术不仅对日本、朝鲜等亚洲国家有很大的影响，它独特的艺术表现手法也被很多欧洲国家所借鉴，并且对欧洲国家产生过深远的影响。江南私家园林在古典园林中占有很重要的位置，它主要是以山石、花木、建筑物等进行组合而形成的明清时期的私人花园，其中最重要的就是其“以小见大”的造园风格，在很小的空间内，通过不同物体元素的组合排列形成了一幅美的画面，步移景异、景中衬景的诗意画面，让人们在其中流连忘返、不知归途地被美景所引。①

长期以来，多位学者对江南私家园林进行了系统的多角度的深入研究，并出现了大量优秀的研究作品，如《中国古典园林史》《中国造园论》《中国造园史》，这几部作品侧重于研究古典园林的发展历史；《中国园林美学》《中国园林艺术》侧重研究中国园林学成就；《中国古典园林分析》《扬州园林》利用国外的建筑空间论来研究中国古典园林的造园艺术。这些作品几乎包括了所有关于古典园林的研究作品，为后人对古典园林的了解提供了帮助。

江南私家园林在我国的文化遗产中占有重要位置，现代的园林设计同样需要吸取古典园林设计的造园理念。虽然我们所处的环境不同、时代不同、社会背景不同等，但是古典园林精湛的表现手法和独特的造园理念，对我们现代设计来说，绝对是非常重要的财富，所以，研究江南私家园林的营造手法，对于现当代的空间园林设计来说是非常重要的。在其艺术手法上，结合现代的新的理念，来营造出适合现代人、居住和休闲的安逸场所，追求自然之美，这正是长期生活在都市中的人们所热切盼望的居住环境。那里避开了嘈杂烦扰的噪音，悠闲、自然、安逸的生活无处不在。

---

① 戚久琳．江南私家园林空间研究 [D]. 新乡：河南师范大学，2012.

江南私家园林作为中国古典园林的优秀代表，有着很鲜明的独特性。这不仅仅表现在它的思想意识和审美与中国人民相符合，最重要的是江南私家园林有着自己独特的营造方式和艺术手法，它重视人和自然的关系，并且在原有的生态环境的基础上，加以创造与营建。在生活中，园林空间与人们的生活息息相关，国内外已经有很多专家学者对它有了较为深入的研究，并且其在世界上也成了非常重要的研究课题。

学者黄诚对南京私家园林的分析指出，南京私家园林中的山石、水池、建筑、花木等园林景象构成，具有明代这一特定历史时期的影响，展示了当时南京园林艺术的品位与价值。张轶等人对江南私家园林听觉中的自然之声——“何必丝与竹，山水有清音”进行研究分析，认为听觉艺术也是江南园林意境呈现的主要形式之一。通过听觉体验，人们可以将心中的自然客观转化为主观情感上的升华。《园冶》中有不少像“瑟瑟风声”“隔断岸马嘶风”之类，涉及“风之音”的零散描述。江南私家园林中的风之音，是自然、天籁之声，既能从其本身发出不同的声音，又能借助自然万物间的相互作用奏出不可言喻之声。麻欣瑶等人对浙江传统园林从地域角度进行研究，这是对中国古典园林研究的一种深化。浙江传统园林作为江南园林的一部分，有其自身的特点与特色。在论述浙江传统园林概念、类型和生成环境的基础上，麻欣瑶等学者归纳总结了浙江传统园林的发展历程，并将其分为5个阶段：起源期（春秋、战国、秦、汉）、转折期（魏、晋、南北朝）、发展期（隋、唐、北宋）、全盛期（南宋）及全盛后期（元、明、清），并分析了浙江传统园林的研究动态，提出了浙江传统园林的研究建议及展望。张甜甜等学者对夹院有深入研究，认为私家园林中由建筑、围墙、曲廊之间围合所形成的狭小空间称之为夹院，并发现夹院在江南私家园林中零散地分布在主景区的周围，其面积小，多由粉墙、置石、植物、铺地构成景物，与主景区形成鲜明的开合、明暗对比，增加了园林的空间层次。张甜甜等学者通过对江南私家园林中的夹院进行整理、归纳，总结出夹院的3种类型及其理景的一般手法；通过对文人士大夫阶层造园审美的研究，梳理夹院的美学思想，即由于受到中唐以后“壶中天地”“芥子须弥”思想的影响，造园者力求在日益缩小的空间内构造出高度和谐、“天人合一”并富有山水画意的景物空间。陈宇等人对江南古典私家园林的光影从空间关系、修饰手法、人文意境3个方面进行了全面而深入的研究，并进行了深度的挖掘和再利用，实现了许多令人意想不到的高雅艺术效果和唯美意境。张亮选择明清时期的江南私家园林作为研究对象，通过解剖江南私家园林的建造技术，观察并分析明清时期建筑技术特征，解读并记录其中的科技价值。这有益于更好地把握江南私家园林组织营造的原则、规律和目标，有助于深化对中国传统园林艺术的多角度理解，对推动当代园林景观的培育和创新具有积极的现实意义（张亮，2014）。

顾凯所著《江南私家园林》共列举28处名园，包括苏州拙政园、苏州留园、苏州网师园、苏州沧浪亭、苏州狮子林、苏州环秀山庄、苏州艺圃、苏州耦园、苏州怡园、苏州曲园、吴江退思园、常熟燕园、上海豫园、嘉定秋霞圃、松江醉白池、无锡寄畅园、常州近园、杭州郭庄、海盐绮园、湖州小莲庄、南京瞻园、扬州个园、扬州何园、扬州小盘谷、泰州乔园、如皋水绘园、绍兴沈园、宁波天一阁。[①]

孔德喜《图说中国私家园林》一书介绍了江南名园23处，包括苏州拙政园、苏州留园、苏州狮子林、苏州沧浪亭、苏州网师园、扬州个园、无锡寄畅园、江苏退思园、苏州半园、苏州鹤园、苏州耦园、苏州环秀山庄、苏州艺圃、苏州曲园、苏州怡园、嘉兴绮园、扬州何园、上海曲水园、上海古猗园、上海豫园、上海秋霞圃、绍兴沈园、无锡钦使第。[②]

阮仪三的《江南古典私家园林（精）》介绍了27处江南名园，包括拙政园、网师园、沧浪亭、艺圃、狮子林、留园、耦园、环秀山庄、退思园、怡园、曲园、听枫园、寄畅园、燕园、羡园、个园、何园、小盘谷、乔园、瞻园、水绘园、豫园、秋霞圃、古猗园、醉白池、小莲庄、西塘西园。[③]

谢燕、王其钧的《私家园林》中介绍的苏州园林有沧浪亭、狮子林、拙政园、网师园、环秀山庄、东园、虎丘山、灵岩山、天平山、留园、怡园、耦园、艺圃、鹤园、壶园、残粒园、拥翠山庄、畅园；扬州园林有何园、小盘谷、瘦西湖、个园、怡庐、匏庐、地官第十四号庭院；江南其他园林有杭州三潭印月、杭州文澜阁、嘉兴南湖、绍兴兰亭、无锡寄畅园、无锡惠山云起楼、南京煦园；其他特色园林有泰州乔园等。[④]

谢明洋《晚清扬州私家园林》一书中列举研究了个园、棣园、贾氏宅园（二分明月楼）、壶园（瓠园）、何园（寄啸山庄与片石山房）、小盘谷、汪氏小苑、逸圃等私家园林。[⑤]

日本对于古典园林的相关研究较多，古代日本造园专著《作庭记》中，即有“居家以东……若无流水，植柳九棵以代青龙。以西……若无大道，植楸七棵以代白虎”等造园内容。又如，冈大路在《中国宫苑园林史考》一书中系统梳理了中国历代关于宫苑园林的史籍文献，分析对比了中国各个时期的皇家园林与日本宫苑园林设计风格、特色的异同。

---

① 顾凯. 江南私家园林 [M]. 北京：清华大学出版社，2013.

② 孔德喜. 图说中国私家园林 [M]. 北京：中国人民大学出版社，2008.

③ 阮仪三. 江南古典私家园林 [M]. 南京：译林出版社，2009.

④ 谢燕，王其钧. 私家园林 [M]. 南京：中国旅游出版社，2015.

⑤ 谢明洋. 晚清扬州私家园林 [M]. 北京：中国建筑工业出版社，2018.

欧美国家对于古典园林也有相关的研究，如Chinese Influence on European Garden Structures（Eleanor von Erdberg，1936）、The History of Gardens（Edward Malins and Christopher Thacker，1979）及A History of Architectural Development（Frederick Moore Simpson，1929），分别从中国古典园林对欧美园林的影响及对历史建筑、园林的保护利用等方面进行了论述和探讨。这些著作对造园基本理论及历史园林保护等有重要的研究和参考价值。

笔者从文献资料查找中发现，大多数学者对江南私家园林的研究主要集中在苏州、扬州、杭州等地区的著名园林，研究方向主要为造园艺术、造园手法、造园理念、造园空间等内容，对江南私家园林的民居（庭院）园林、遗址园林、园林的细部构造、名不见经传的私家园林等方面研究相对较少，鲜见相关的公开文献发表。

三、研究的主要内容

（一）遗址类私家园林造园历史及造园艺术

在江南私家园林中，历史记录的名园较多，虽然保存下来的私家园林数量不多，很多已因战火或者其他因素荡然无存，但仍可以从记录中寻找到蛛丝马迹和遗址所在。例如随园，位于南京五台山余脉小仓山一带，原为曹雪芹祖上林园，是著名的私家江南园林，清代江南的三大名园之一，现地面主体建筑均已不存，仅存遗址。又如安澜园，位于浙江省海宁市盐官古城内，是一座古代著名的江南私家园林。[①]再如杭州小有天园，在南屏山麓山腰之上，登上山巅，可以览尽西湖风光，为清乾隆西湖二十四景之一。北宋时为兴教寺所在，元末寺圮，明洪武年间重建，后改为壑庵，清初为汪之萼别墅。乾隆十六年（1751年），乾隆皇帝南巡杭州，赐名“小有天园”，并作诗咏之。这些私家园林遗迹尚在，在历史记录中仍可以查到相关的描述。本课题在前期已经对浙江、江苏、上海等地的私家园林遗址进行了考察，取得了一定的现场资料和文献资料，并将通过调查研究，分析此类园林造园的特点、艺术特色，弥补古典私家园林研究的缺失。

（二）遗落的私家园林造园艺术

江南私家园林中，众所周知的有拙政园、绮园、狮子林、个园、沧浪亭、留园、网师园和环秀山庄等，但在这些名园的背后还有一些鲜为人知的私家园林，如南浔的颖园、宜园、适园、东园、述园等。该类私家园林面积小，影响力不够大，参观考察的人不多，但在造园思想上依然具有独特的一面。面积小者，构园巧妙，布局得当，不乏造园意境，因此此类私家园林的造园艺术在江南园林造园艺术中具有一定地位。为此，本课题专门对非著名私家园林进行深入研究，旨在分析其内在

① 张镇西．失落的安澜园[M]．北京：科学出版社，2008.

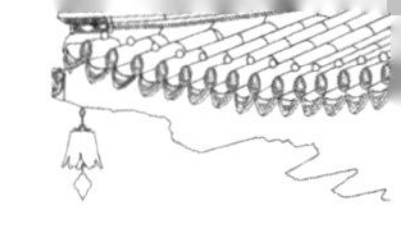

的特点，挖掘私家园林的潜在价值。

（三）民居（庭院）园林及文化传承

园林是运用一定的艺术手段和地域工程技术等，通过改造地形（如筑山、叠石、理水等）、种植花木、建造建筑、对园林道路进行重新布置等创造出来的人为的自然环境和游憩境地。[①]园林的设计与建造，重视山水植物等要素的位置关系，并由小尺度的花园衔接了建筑的关系，以满足人民的生活需求。庭院一词与园林、花园、院落等所表达的含义略有不同。应当说，庭院是园林景观的一部分。而花园则侧重表达建筑（尤其是私人住宅）周边的、有着优美的植物景观的人工户外环境。

民居庭院，是中国传统民居的空间类型概念，侧重建筑围合空间，更强调人的使用活动。民居庭院中的造园艺术是与古代文人诗画词曲等艺术相似的一种审美和建造技巧。中国民居庭院设计的文化动机有两个方面：一是隐士文化，二是文人文化。两者之间互相影响、互相交融。

（四）私家园林造园细部结构

江南古典园林细部根植于中国传统文脉，形成了独特的装饰形态，它不仅包括各种园林细部的实物形式，还包括了古典园林理论和传统文化艺术。本课题研究选取了古典园林细部这一全新的视角，对其中具有代表性以及观赏性较强的部分园林细部进行了研究和分析，其中木作的包括隔扇、槛窗、斗拱、雀替、挂落等，砖细工的包括照壁、门楼、漏窗、洞门、铺地以及砖雕饰，瓦作的包括瓦当、滴水和脊饰，石作的有柱础、抱鼓石、栏杆等。基于以上研究，分析和总结古典园林细部的文化艺术特色和设计手法等，并思考如何将这些方法和规律应用于现代园林的园林细部设计中去。

四、研究的意义

有利于研究遗落的私家园林造园艺术与中国名园的区别，全面分析中国古典园林造园思想。江南私家园林众多，知名的中国十大私家园林众所周知，然而在喧闹的街市之中依然还存有历史悠久的私家园林，对这些遗落的私家园林进行研究，分析其历史渊源，对进一步完善私家园林的研究范围具有重要的历史意义。

有利于保护民居园林，传承民居庭院文化。在考察中发现，江南的民居园林在不同的区域有不同的营造方式，如浙江的民居、江苏的民居等，在庭院的营造上具有典型的时代特点和区域特点。因此，在现在的新农村规划、古民居保护中，更应该对此类民居庭院加大保护力度，传承其民居的庭院文化。

有利于研究遗址园林历史文化，不断丰富现有园林理念。历史中记录的江南私

① 邵琪伟．中国旅游大辞典 [M]. 上海：上海辞书出版社，2012.

家庭院众多，如《吴兴园林记》中就记载了吴兴地区的私家园林，现能够考察到的为数不多。南京清代的随园、南宋私家园林石门张氏东园等，当时均为名园，但在历史长河的不断流逝中现已经荡然无存，仅有遗迹表明当年的繁华和现代的沧桑。这些历史园林遗迹对现代古典园林的研究说来意义重大，研究其有助于填补古典园林的造园理念，使公众对古典园林的认识更加全面。

有利于借鉴古典园林细部构造，打造现代经典园林。笔者在对江苏、浙江、上海等地的私家园林的考察中发现，它们在园林构筑物、园林要素的构建上具有精细的结构设计和高超的施工技艺，尤其是私家园林中的木雕、砖雕、石雕、假山、水池等方面，均具有现代工艺所不能及的地方，其艺术手法和技术结合得极为完美，这也是现代园林建造所不能达到的。因此，本课题通过研究古典园林细部构造，为现代园林的建设提供技术支持。

五、研究价值

明清时期江南私家园林是中国园林发展鼎盛时期的集大成者，出现了很多传世之作，如经典的江南十大名园等。在当今城乡一体化建设、乡村振兴等政策性指导下，人民生活水平越来越好，生态环境和精神文明建设齐头并进，私家园林建设也得到长足发展，然现在的私家园林建设多了些奢靡攀比之态，缺少古典园林深厚的文化底蕴。本课题对明清江南私家园林进行研究，旨在补充私家园林研究的不足，提高私家园林建造技艺。

本研究的实际应用价值主要体现在以下几点：一是挖掘了江南私家园林中遗落的园子，对其潜在的造园思想、造园手法、构建技巧等进行深入研究；二是对江南民居（庭院）园林进行归纳整理，从文化角度分析民居（庭院）园林的建造意义和内涵，为现代的民居保护和修复提供技术支持和文化导向；三是对遗址类私家园林进行文献整理和现场资料收集，为研究私家园林历史提供依据和参考；四是本研究的成果可以进一步完善江南私家园林研究，为相关学者提供借鉴依据。

明清江南
私家园林拾遗

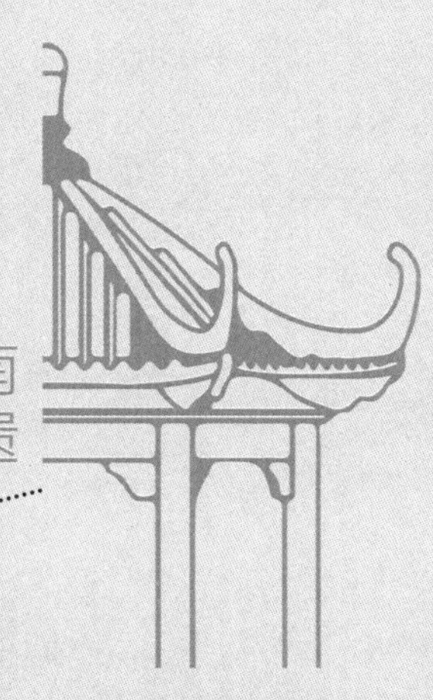

02

第二章　明清江南私家园林概述

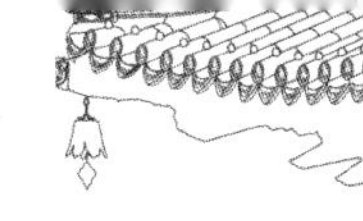

我国古典园林在上千年的历史发展中逐渐形成了自己的风格，其造园艺术中还融入了文人、商贾、仕宦等独有的审美情趣。《红楼梦》中曾这样描述："堆山凿池、起楼竖阁、种竹栽花，一应点景等事，又有山子野制度。"[①]这句话里的"制度"一词是"设计、安排"的意思。造园不仅仅是工匠拿主意，更应满足造园者的要求，因此常有"三分匠人，七分主"[②]人的说法，也就是说，造园活动是一种精神和物质共存的建造活动，其中不仅仅涉及景观、建筑，还涉及诗词歌赋、陈设等各项内容。

园林也是社会进步和生产力不断发展的产物，是经济和文化富有的体现，在某种程度上说也是反映了不同社会时期政治、经济、文化、艺术的繁荣程度。明清时期封建社会经济发展迅速，商业空前繁荣，为当时的园林建造提供了物质条件。

明清时期是我国造园上最为繁荣的时期，私家园林和皇家园林的造园艺术于此一时期同时达到顶峰。中国文化源远流长，诗词歌赋备受推崇。诗词的情怀和山水画的意境被融入生活环境中去，从明代江南园林的粉墙黛瓦，到清朝皇家园林的金碧辉煌，无一不表达着不同人群对园林艺术的理解和诠释。中国古典园林一直传承自然和谐、天人合一的理念，并融进艺术的情感，到了明清时期，造园的水平进步相当快。明代的江南园林具有文化艺术和园林艺术的特征，犹如一幅幅山水画；到了清代，虽然统治者不是汉人，但是整个社会深受明代造园文化的影响，在修建园林时大量采用明代的造园思想，因地制宜地进行造园，很有特色。

明清时期，中国的造园已经完成了从实践到理论的升华，并有造园相关的著作问世，如计成的《园冶》就是造园史上的重大成就。该书结合实践总结了江南的造园经验，对造园要素、相地选址等进行详细的论述。"虽由人作，宛若天开"是计成的造园理论精华，至今仍被园林行业所用，可见该书对后世造园的贡献和影响。

一、明清时期江南私家园林发展历史

元朝后期，动荡不安，战乱不断，经济衰弱。朱元璋建立明朝后，不断恢复生产，安养生息，振兴农业，提倡商业。到了明朝中叶以后，随着经济发展和城市的繁荣，园林艺术在这一时期得到空前发展，不管是达官贵族还是文人雅士，都纷纷投入造园的热潮。有文献记载，明代苏州建造私家园林多达270余所。苏州园林是江

---

① 郭自灿，徐汉峰．贾元春才选凤藻宫是兴建大观园的必然动因——红楼梦第十六回中有会计文化和建筑文化的影子 [J]. 文学教育（中），2014（10）：2.

② 计成．园冶注释（第二版）[M]. 陈植，注．北京：中国建筑工业出版社，1988.

南园林的代表，其造园糅合了自然、建筑、绘画、文学等内容，使园林成为文化综合载体，且各类园林格调高雅，小而精致，出现了很多名园，如拙政园、留园等著名私家园林，以及扬州的个园等。

如此兴盛的园林修建，进一步促成了造园理论的出现，如明末的《长物志》《园冶》等著作，都有对山水园林造园技艺的介绍。此时的造园还融入了各地民俗文化，到晚明以后，园林中建筑明显增多，具有了祠堂、庙宇等反映各地民俗的建筑，如上海豫园就建有供奉吕洞宾的纯阳阁、祭土神的祠堂、供奉关云长的关侯祠、拜山灵的山神祠、烧香拜佛的大土庵、纪念祖先的家祠等。

清朝时期是中国园林发展的鼎盛时期，此时造园的理论和实践都达到了前所未有的高度，造园技法臻于成熟，出现了如李渔、张涟、叠山大师戈裕良等造园家。清朝是皇家园林与私家园林共同发展的时期，私家园林以江南苏州的网师园为代表，皇家园林以北方的颐和园为代表。到晚清后期，西方思想传入，造园上出现中西合璧、洋为中用的格局，如上海的愚园、徐园等。

二、明清时期江南私家园林构成要素

（一）筑山

筑山在中国古典园林中是不可缺少的造园要素之一，源于秦汉时期上林苑以太液池所挖之土堆山，象征东海神山。魏晋南北朝出现写意式叠山手法，即提炼自然山峦的形态和神韵，以缩小比例的方法建造假山。唐宋以后更加追求筑山的诗情画意以及个人的喜好，并突破一池三山的模式，如宋代宫苑艮岳，开始叫万岁山，后改名为艮岳，是历史上结构、规模最大的人造假山。到明代，造园理论和技艺大幅提升，筑山在艺术和技术上更加成熟，得以大量推广。例如，计成在《园冶》一书中列举了假山的各种形式，总结了造山的技术和实践经验，形成假山堆叠理论。清代的造山技术在明代的基础上更加进步和成熟，独创了穹形洞壑的叠砌方法，弥补了明代收顶方法的不足。

（二）理水

在古典园林中，可以用“无园不水”“无水不活”等来形容水在造园中的重要性。明清时期理水方式有三种，一是用建筑和植物将池岸掩映，突出建筑的主体位置，打破视线局限，采用植物种植，造成池水没有边界的视觉效果；二是筑堤于水面或者采用曲折的小桥或汀步，增加景观空间和层次，创造幽深的环境；三是在小水面用乱石作为驳岸，犬牙交错，怪石纵横，加上植物的点缀，打造深邃的山野风致的审美效果。

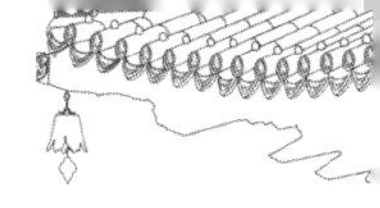

（三）建筑

明清江南私家园林建筑为古典建筑，雕刻丰富精美，飞檐起翘，或小巧精致，或庄严大方。所有园林中的亭台楼阁、轩馆斋榭均由设计师巧妙构思，设计师不仅需要灵活处理其相互之间的关系，更需要把艺术和技术相结合，把功能、结构、艺术融为一体，使其成为园林中古朴典雅的建筑艺术品。古典园林建筑之美，源于建筑本身的体量、外型、色彩、质感等因素，再加上古色古香的室内陈设艺术，使内外部环境和谐统一，进一步提高了建筑审美的艺术效果，形成建筑、陈设、环境相互依托的佳景。正如明人文震亨所说："要须门庭雅洁，室庐清靓，亭台具旷士之怀，斋阁有幽人之致，又当种佳木怪箨，陈金石图书，令居之者忘老，寓之者忘归。"①

（四）植物

园林植物在江南园林中是不可缺少的造园要素。树木花草是地形山峦的外衣，假山、水池、绿地等如果没有植物的点缀，也就没有园林的美感。中国的古典园林讲究自然美，对树木花草的选择标准首先是要求树木的树冠、树枝、树皮、树叶等形态要有自然美；其次是植物要求搭配出色彩美，植物的树叶、树皮、花果等随着时间的变换会有不同的色彩，如秋天的红枫、黄栌等；最后是对植物香味的要求，古典园林中追求自然淡雅，常常种植腊梅、兰花等清香淡雅的有香味的植物。除此之外，园林植物还具有抽象的寓意，在点缀山石水池之时，还应具有更高层次的精神追求，蕴含主人的精神境界和理想追求。例如，竹子的气节高尚，松柏的长寿，莲花的出淤泥而不染，兰花的幽居，牡丹的富贵，石榴的多子多孙等等，都象征着造园主人的美好愿望。同时，园林植物还可以创造古木繁花、古朴幽深的意境。所以，园林植物在私家园林中不仅起到室外装饰美化的作用，还具有创造独有空间意境的作用。计成在《园冶》中说："多年树木，碍箭檐垣，让一步可以立根，研数桠不妨封顶。"②意思是建造房屋容易，树木长到百年很不容易，再次告诫人们要有对古树名木的保护理念。在园林中，除去种植树木外，铺设草坪也很重要，根据空间的需要，结合地形的起伏变化栽植草坪等地被植物，形成自然的植物群落，也会令人陶醉于其向往的自然。

（五）书画

书画作为江南园林中的要素之一，体现了明清园林的特点，展现了文人造园的物华文茂，在幽静典雅中透露出文化气息，实现了江南园林的"无文景不意，有景

---

① 文震亨．长物志 [M]. 汪有源，胡天寿，译注．重庆：重庆出版社，2010：1.

② 计成．园冶 [M]. 黄军凡，绘．南昌：江西美术出版社，2018：16.

景不情”的境界。书画在园林中起到的是点景作用，能够高度概括景观的内涵，揭示景观的意境。只有恰到好处的书画才能在园中达到“寸山多致，片石生情”的效果，从而把景观意象中的山水、建筑、树木花草等景物形象升华到更高的艺术境界。书画在私家园林中的主要表现形式有题景、匾额、楹联、题刻、碑记、字画等。匾额是指悬置于门上方、屋檐下的题字牌，一般正门都有悬挂；楹联是指门两侧柱上的竖牌；刻石指山石上的题诗刻字。明清时期江南私家园林中的匾额、楹联及刻石的文字内容，有直接引用前人诗句的，也有即兴创作的，另外，还有一些园景题名出自名家之手。不论哪种形式的书画作品，在园林中都能起到陶冶情操、抒发胸臆的作用，更重要的是其能够点景，为园中景点增加诗情画意，拓宽意境。在园林建筑室内布置书画，如在厅堂张挂书画，营造书香氛围，就能够形成清逸高雅、书郁墨香的效果。而且笔情墨趣与园中景色浑然交融，能够使造园艺术更加典雅完美。

三、明清时期江南私家园林构景方法

在春秋战国时期，人与自然的关系就进入了和谐的阶段。那时的造园者就已在造园构景中把人与自然的关系通过多种手段来表现，以实现渐入佳境、小中见大、步移景异的理想造园境界，期望达到自然、淡泊、恬静、含蓄的艺术效果。到造园鼎盛时期的明清，在造景上手段更多，可结合园主人的造园目的、名称、立意、布局以及其中微观的处理等采用不同的构景手法。从明清时期江南私家园林中可以看出，在微观处理中，通常有以下几种造景手段：

（一）抑景

含蓄是中国的传统，在园林艺术中也是如此。该时期的造园在门口是看不到院内的绝美景色的，好的景点都是隐藏在后面的空间中，形成“山重水复疑无路，柳暗花明又一村”的效果。抑景的应用彰显了传统园林的艺术魅力，也是中国传统文化在园林中的体现。杭州的郭庄、苏州的拙政园、无锡的寄畅园、南京的瞻园等都有类似的构景处理方法。

（二）添景

中国古典园林在景观营造之时非常注重对景观的过渡或者景观层次的丰富，会充分利用周边的环境来烘托主景，而在主景的远处或者主景的中间位置的造园要素都被称之为添景，如苏州网师园的竹外一枝轩前的桂花等植物就是运用了添景的手法，又如杭州西湖远观雷峰塔，中间可以看到的桃红柳绿就是雷峰塔的添景。

（三）夹景

为增加景观的诗情画意，使景点显得丰富而不单调乏味，在观赏视线两侧设有

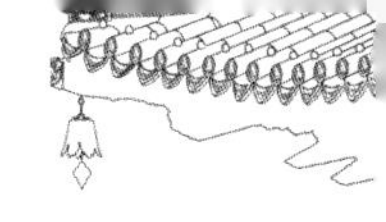

建筑或树木花卉，使主景在中间，这样的构景方式一般称之为夹景。夹景还具有引导游人往主景方向前行的控制性作用，其可以利用透视的消失点引导前进的视线或景物方向，展现优美的景物对象。比如，环秀山庄中前往西望边楼的山路两侧假山造型丰富优美，可供游人欣赏，但是其也将人们的视觉中心引导至西望边楼处，展示了很好的视觉效果，构成了明媚动人的景色。

（四）对景

江南古典园林之中在重要的景点处会有意识地营造景物，形成相互呼应的对景，但是其不同于西方规则园林左右对称式对景，而是根据地形的曲折变化、步移景异、逐步展开，如在道路转折、漏窗等变换空间的地方常设置对景。比如，留园中的明瑟楼和曲廊就是互为对景，明瑟楼是观赏曲廊的很好的观赏点，而曲廊也是观赏明瑟楼的最佳位置，两者之间都是游玩路线之中的景点，可真正实现步移景异的效果。又如，在拙政园中，别有洞天与待霜亭等多处均运用了类似的对景手法，这些都是应用该方法的最好范例。

（五）框景

古典园林中经常会将景物利用建筑的门、窗、洞或乔木合成景框，或把远处的山水美景或人文景观框在其中，这就是常用的框景手法，其能够使观赏视线高度集中在画面的主景上，造成强烈的艺术效果。例如，苏州拙政园的“与谁同坐轩”被水廊的柱和檐框在其中，用最简洁的景框进行构图，形成美好的景色。还有耦园的窗景、留园的窗景、狮子林的门洞、沧浪亭的门景等都是框景的较好案例。

（六）漏景

江南私家园林中常在围墙、走廊等处设置各种形状的花窗，或者其他具有寓意的、喜闻乐见的典故、动植物等图案，通过花窗的空隙可以看到园外或院外的美景，这种手法一般称之为漏景。漏景可以调度虚实、增加景深，产生景致互借、步移景异等审美效果。例如，通过留园侧墙上的一系列花窗和各种样式的窗户，可以看到明瑟楼及其他景色。又如，拙政园的水廊、沧浪亭复廊、留园的曲廊等都有形式各异的花窗，图案精美，艺术效果明显。

（七）借景

私家园林之中由于空间的限制，无法做到让景观无限大，所以在造景之时，总是利用有限的空间在横向或者纵向上让游人产生无限的联想或者扩展游人的视觉效果，这种景观构建方法称之为借景。借景的形式有多种，借远方的山、建筑等称为远借；借临近的树木、花卉称为临借；借空中的飞鸟、云朵称为仰借；借水池之中的鱼、莲称为俯借；借四季之花或春夏秋冬的季节性变化的景色称为应时而借。所以，计成在《园冶》中提出了“园林巧于因借”的理论。[①]

四、明清时期江南私家园林艺术特色

明清的江南一带，经济发达、文化繁荣，出现了许多对自然山水向往的文人。江南的环境优美、气候温暖、雨水丰富、景色优美，为文人通过造园表达对美的想法提供了有利条件。江南园林的建造从晋朝中原百姓大量南迁就开始了，当时的文人无心从政，纷纷建造自己的宅院。江南园林的发展历史悠久，到明清时期达到了顶峰。其涉及的主要地区为扬州、苏州、南京、常州、无锡、上海、杭州、嘉兴、常熟等地，其中扬州、苏州最负盛名。扬州园林在明清时期盛极一时，当时的扬州经济发达。尤其盐的贸易往来频繁，所以富人很多，他们把经商的财富都用来建造自家的宅院。清朝乾隆年间，扬州园林最盛，达到了200 多处。扬州园林的风格十分独特，它北承皇家园林，南起私家园林，结合了两者的优点，既有皇家园林的辉煌高大，又有江南私家园林的淡雅清丽。江南还有苏州园林可与扬州园林一比高下，苏州从春秋时期开始便建造私家园林，经历上千年的时间，到清代达到了顶峰。[②]苏州园林能留到现代的就有上百，可以想象明清时期崇尚建造私家园林之风，也是因此，人们口中一直有“江南园林，甲天下，苏州园林甲江南”之称。

明清江南地区能有建造园林之力者大都是已辞官或退休的官僚，或者是有钱的商人。这些人对文化艺术有极高的品味，崇尚山村野趣之美，故而建造园林，以便主人不出自己的宅院就能感受到与自然融合的气息。沈德潜的《复园记》曾描述宅院中园林的美景：“因阜垒山，因洼疏池。集宾有堂，眺远有楼、有阁，读书有斋，燕寝有馆、有房房，循行往还，登降上下，有廊榭、亭台、碕沜、村柴之属。”明代的园邸在当时也有流行的风格，大多都在园中心建池塘为主景，池塘的收边多为曲折形式，以山石驳岸配以植物。植物附着于假山置石上的造景手法，自古就有“山借树而为衣，树借山而为骨，树不可繁，要见山之秀丽”的说法十分常见。悬崖峭壁倒挂三五株老藤，柔条垂拂、坚柔相衬，使人更感到假山的崇高俊美。另外，利用攀缘植物点缀假山置石，应当考虑植物与山石纹理、色彩的对比和统一。若主要表现山石的优美，可稀疏点缀茑萝、蔓长春花、小叶扶芳藤等枝叶细小的种类，让山石最优美的部分充分显露出来。如果假山之中设计有水景，在两侧配以常春藤、光叶子花等，则可达到相得益彰的效果。若欲表现假山植被茂盛的状况，则可选择枝叶茂密的种类，如五叶地锦、紫藤、凌霄、扶芳藤。

《中国园林艺术论》中列举了众多明代宅园：“如明代苏州的拙政园，景物有沧浪池、若墅堂、梦隐楼、繁香坞、倚玉轩、小飞虹、芙蓉隈、小沧浪亭、志清

① 计成．园冶 [M]. 李世葵，刘金鹏，编著．北京：中华书局，2011.

② 赵一寒．明清园林艺术精神研究 [D]. 河北大学，2012.

处、柳隩意远台、水花池、净深亭、待霜亭、听松风处、怡颜处、来禽囿、得真亭、珍李坂、玫瑰柴、蔷薇径、湘筠坞、槐雨亭、尔耳轩、竹涧、瑶圃、嘉实亭、玉泉、钓谷、槐屋、芭蕉槛等，以水为主，植物为主要景观，疏置亭台，画面平旷开阔。”[①]这么多的景点，可见当时造园之盛。

清朝时期的江南园林在前期的基础上有所发展。比如网师园，最早建于宋朝，当时被命名为“渔隐”，到了乾隆三十年才更名为“网师园”。网师园是典型的主人把住宅与园林合在一起，前面是三进的住宅，园林中间为彩霞池，水边建有长廊和亭子等，倒影在水中非常美妙。到了乾隆中期，园林特点开始接近明朝风格，水池以嶙峋的假石驳岸，紧接着建高高低低、有层次感的亭台楼阁，如苏州的环秀山庄一步一景，每一处都令人琢磨很久。

江南的大多数园林本就是不从政的那些辞官归隐者、退休官员或是富商所建造的，这些人都对自然山水有着无限的向往，无奈不能真正住在田园中，所以把财富都注进自己设计的园林中，以此表达自己对自然山水喜爱的情感。从这些园林中能感受到当时喜爱山水画的文人对人的精神观和人生价值的理解，他们在小小的宅院天地中找寻自己无限的精神世界。

江南优越的气候、地理环境推动了这里的园林成为享誉全国的经典。以扬州园林、苏州园林为主的江南园林在文人的写意山水中汲取灵感，建造了集美学、建筑学、园林学、哲学等于一体的园林艺术。江南园林善于堆山叠石、植物种类众多，风格淡雅、朴素，成为皇家园林学习的范本。

五、明清时期江南私家园林造园活动

中国历朝历代都在不断地修建园林，明清时期园林更是兴盛。当时无论是皇家还是达官贵族、平民百姓都为造园做出了贡献，大从建造宫殿，小到为园林制图排序，都能体现出人们对园林的热爱。

明朝江南私家园林的造园活动：弘治年间（1488—1505年），江南才子唐寅在苏州桃花坞筑园；嘉靖三十八年（1559年），潘允端开始在上海建造著名的豫园，直到万历五年（1577年）才建成；万历二十四年（1596年），著名的叠石造园家张南阳过世，他一生造园无数，曾建豫园，并于万历年间（1572—1620年）为陈所蕴所建日涉园；天启三年（1623年），计成为常州吴玄营建园林，次年完工，为其成名之作；崇祯五年（1632年），计成为汪士衡在仪征建寤园。

明朝关于园林的著作也很多：万历十八年（1590年），王世贞作《游金陵诸园记》，记述南京徐氏家族的十多处园林；崇祯四年（1631年），王心一弃官归田，

---

① 赵一寒．明清园林艺术精神研究 [D]. 河北大学，2015.

得拙政园东侧荒地，建归园田居，四年后完成，并自记；崇祯四年（1631年），秋天，计成的《园冶》定稿并自序。崇祯七年（1694年）四月，阮大铖为《园冶》作序，《园冶》刊行；计成为郑元勋建扬州影园，为阮大铖建南京石巢园；同年，文震亨完成了《长物志》这本巨作，且其在苏州高师港建有香草垞。

明朝时期（1368—1644年），因造园活动频繁而诞生的造园著作在造园史中有极高的地位。清朝在继承明朝的造园特点之上还有了自己的发展。清代扬州园林极盛，以王洗马园、卞园、员园、贺园、冶春园、南园、郑御史园、筱园最为著名，时称八大名园。

清朝私家园林的造园活动：康熙三十四年（1695年），宋荦抚吴，重修沧浪亭；康熙四十五年（1706年），程文焕在苏州西碛山修建九峰草庐，后更名为逸园。

明清江南私家园林经过几百年发展，历经起伏，但是其当时的造园艺术成就对当代的贡献是不可磨灭的。

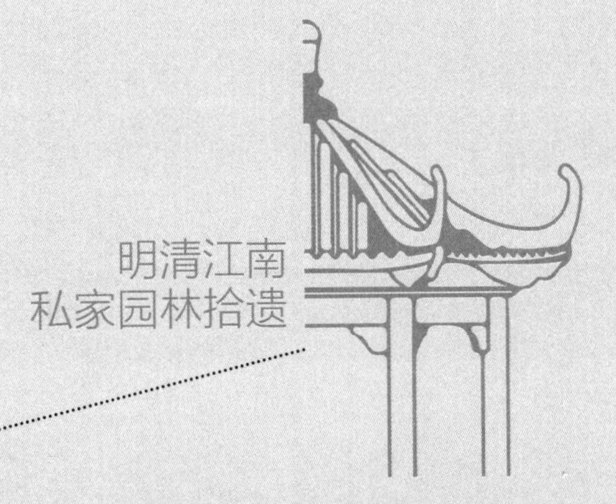

03

第三章　荡然无存的私家园林

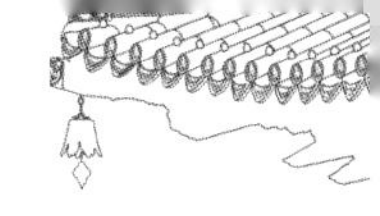

第一节　杭州小有天园

小有天园，位于浙江省杭州市西湖区南屏山慧日峰下、净慈寺旁（图3-1）。据史料记载，该处景点原为宋代的兴教寺，寺内有闻名的金鲫池。后为“郡人汪之萼”别业，其后人居住于此，园内花香飘逸，景致极佳，西湖美景在此园最高点皆可尽收眼底，为清代杭州二十四景、江南四大名园（南京的瞻园、海宁的安澜园、苏州的狮子林、杭州小有天园）之一。此园现已不复存在，仅在慧日峰山腰平台处尚有乾隆题刻等遗迹可寻。

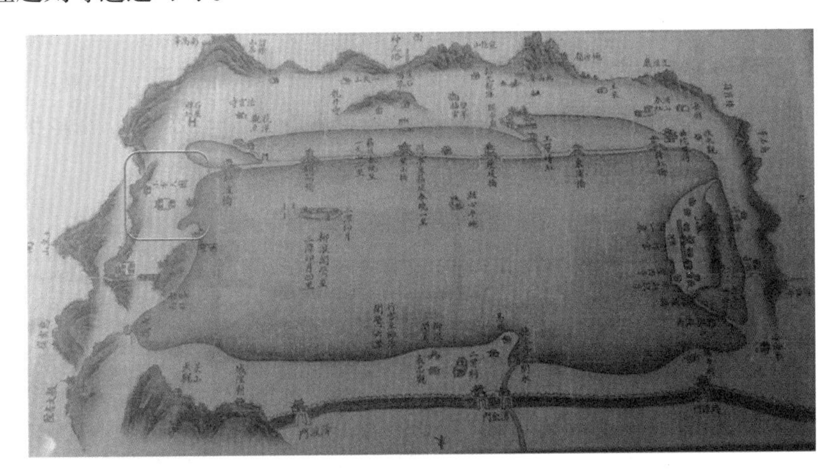

图 3-1　《清乾隆西湖行宫图》中小有天园位置（拍摄于西湖博物馆）

清《湖山便览》卷七：“旧名壑庵，郡人汪之萼别业，石皆瘦削玲珑，似经洗剔而出，可证晁无咎‘洗土开南屏’语。契嵩所称幽居洞等迹，皆萃于此。盖此实南屏正面也。有泉自石罅出，汇为深池，游人称赛西湖。乾隆十六年，圣驾临幸，御题曰‘小有天园’[①]。二十七年，又题半山亭曰‘胜阁’。”[②]

---

①“小有天”的称谓首见于《太平御览》卷四十引《太素真人王君内传》曰：“王屋山有小天，号曰‘小有天’，周回一万里，三十六洞天止第一焉。”后来“小有天”引申为悬岩峭壁、崖中有洞的地方。

②翟灏. 湖山便览 [M]. 上海：上海古籍出版社，1998.

小有天园名气大盛，皆因乾隆皇帝历次南巡经过此处必要游玩、吟诗，并题名为“小有天园”。乾隆皇帝有《再游小有天园》，诗云：“不入最深处，安知小有天。船从圣湖泊，径自秘林穿。万卉轩春节，千峰低霁烟。明当旋翠跸，偷暇重留连。”[①]乾隆皇帝回北京后在圆明园仿建了小有天园，并亲作《小有天园记》，其中写道：“左净慈，面明圣，兼挹湖山之秀，为南屏最佳处者，莫过于汪氏之小有天园。盖辛未南巡所命名也。去岁丁丑，复至其地，为之流连，为之倚吟。归而思画家所为收千里于咫尺者，适得思永斋东林屋一区，室则十笏，窗乃半之，窗之外隙地，方广亦十笏。命匠氏叠石成峰，则居然慧日也。范锡为宇，又依然壑庵也。激水作瀑，泠泠琤琤，不殊幽居洞之所闻。而黄山松树子虽盈尺，有凌云之概，夭矫盘拿，高下杂出，于石笋峭蒨间，复与琴台之古木苍岩，玲珑秀削，不可言同，何况云异。”[②]

乾隆二十三年（1758年）张仁美[③]所作《西湖纪游》如此描述小有天园的景色：“入门有堂有楼，有台有榭，有馆有阁，有池有沼，有小桥仄径，有曲槛纡廊，有乔松翠竹、碧柳红桃，有青桐黄榆、丹桂白薇，有紫藤覆架、碧藻浮波。”[④]此时的小有天园正处在巅峰时期，园内亭台楼阁众多，台榭并立，水池贯通，小桥斜跨，长廊连绵不断，花木更是种类繁多，姹紫嫣红，一派欣欣向荣的繁盛景象。

清代高晋等人在《南巡盛典》中对全盛时期的小有天园有较完整的图绘（图3–2）。

图 3–2　小有天园（选自《南巡盛典》）

清嘉庆年间，据传汪氏后人把此园卖与他人。至道光年间，此园林逐渐衰败，杂草丛生，破败不堪。20世纪90年代，陈述曾去寻找小有天园，发现该园原建筑已经荡然无存，水池等景物也

①《清代诗文集汇编》编纂委员会．清代诗文集汇编（四六二）[M]．上海：上海古籍出版社，2010.

② 爱新觉罗・弘历．御制文初集 [M/OL]．刻本．北京：武英殿，1764(乾隆二十九年)[2021-08-03]. https://cnkgraph.com/Book/8440/KR4f0004_007#page_7-1a.

③ 张仁美（1706—1772），清藏书家、学者。字迂里，号静谷。江苏常熟人。

④ 张仁美．西湖纪游 [M]// 张海鹏．借月山房汇钞．上海：博古斋，1920：214-215.

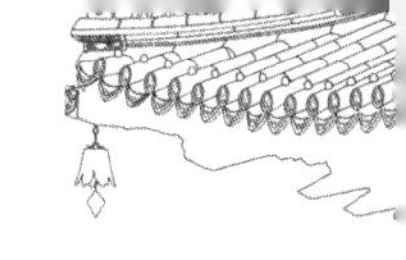

找不到了，旧址仅存司马光“家人卦”摩崖石刻、“南山亭”三字和幽居洞。[1]小有天园遗址靠近山下的地方已经是现代建筑，山上仍有怪石大树，园林遗迹却再难寻觅。

第二节　上海露香园

露香园位于原上海县城西北部黑山桥万竹山房东西侧（九亩地），是由顾名儒的弟弟顾名世建于明嘉靖年间，因开挖水池得到一块石刻，上有“露香池”三字，便命名该园为“露香园”。露香园曾是当时上海的三大名园之一（其余两者为豫园、日涉园）。

露香园占地40余亩，根据晚明文人朱察卿《露香园记》的记载，“园盘纡坛曼，而亭馆嵱嵷胜”。进入园门，路两边种植“柳、榆、苜蓿”，往东去，是阜春山馆，再往东有假山。碧漪堂是园子的中心，堂前“大石棋置，或蹲踞，或凌耸，或立，或卧。杂艺芳树，奇卉美箭，香气馝茀”，堂后土阜隆崇，松、桧、杉、柏、女贞、豫章，相扶疏蓊薆。园中还建有积翠冈、独莞轩、露香阁等建筑。园中有一水池，名为“露香池”，约十亩，“澄泓渟澈，鱼百石不可数，间芟草饲之，振鳞揵鳍，食石栏下，池上跨以曲梁朱栏，长亘烨烨，池水欲赤”，还有幽深曲洞以及可容二十人的山洞。在山顶之上可俯观全园景色。假山南侧有潮音庵，里面供奉着观音大士像，山北侧有分鸥亭，临水而建。

后期因为园主人家道败落，园林建筑逐渐倒塌，园景皆无。道光年间，当地乡绅在上海知县组织动员下捐款重修露香园。

到鸦片战争期间，露香园中设立了上海的火药局仓库，1842年4月18日，因火药仓库突然爆炸，露香园被炸毁，园内诸景被夷为平地，从此荒废。在原露香园旧址即现在的人民路附近，仍有以露香园命名的道路，如露香园路（图3-3）、青

图 3-3　露香园路

---

① 陈述．南山绝胜 [J]. 风景名胜，1996（06）：21.

莲街、阜春街，万竹街等。[1]

历史名园就这样灰飞烟灭，顾绣仍在，顾园已逝，幸明代朱察卿写了一篇《露香园记》，记录了露香园的景色，现得《露香园记》记录如下：

上海为新置邑，无“郑圃”“辋川”之古，惟黄歇浦据上游，环城如带。浦之南，大姓右族林立，尚书朱公园最胜；浦之东西，居者相埒，而学士陆公园最胜，层台累榭，陆离矣。道州守顾公筑“万竹山居”于城北隅，弟尚宝先生因长君之筑，辟其东之旷地而大之，穿池得旧石，石有“露香池”字，篆法蜾匾，识者谓赵文敏迹，遂名曰“露香园”。

园盘纡坛曼，而亭馆嵱嵷胜，擅一邑入门，巷深百武，夹树柳、榆、苜蓿，绿荫葼楙，行雨日可无盖。折而东，曰“阜春山馆”，缭以皓壁，为别院。又稍东，石累累出矣。“碧漪堂”中起，极爽垲敞洁，中贮鼎鬲琴尊，古今图书若干卷。堂下大石棋置，或蹲踞，或凌耸，或立，或卧，杂艺芳树，奇卉美箭，香气馝茀，日留枢户间。堂后土阜隆崇，松、桧、杉、柏、女贞、豫章，相扶疏蓊薆，曰“积翠冈”。陟其脊，远近绀殿黔突俱出，飞帆隐隐移雉堞上，目豁如也。一楹枕冈左，曰“独莞轩”，登顿足疲，藉稍休憩，游者称大快。堂之前，大水可十亩，即“露香池”，澄泓渟澈，鱼百石不可数，间芟草饲之，振鳞揵鳍，食石栏下。池上跨以曲梁朱栏，长亘烨烨，池水欲赤。下梁则万石交枕，谽呀胶膈，路盘旋，咫尺若里许。走曲涧入洞中，洞可容二十辈。秀石旁拄下垂，如笏、如乳。由洞中纡回而上，悬磴复道，嵾嵯栈巉，“碧漪堂”在俯视中，最高处与“积翠冈”等。群峰峭竖，影倒“露香池”半，风生微波，芙蓉荡青天上也。山之阳，楼三楹，曰“露香阁”。八窗洞开，下瞰流水，水与“露香池”合，凭槛见人影隔山历乱，真若翠微杳冥，间有武陵渔郎隔溪语耳。楼左有精舍，曰“潮音庵”，供观音大士像，优昙、华身、贝叶杂陈棐几。不五武，有“青莲座”，斜榱曲构，依岸成宇，正在阿堵中。造二室者，咸盥手“露香井”，修容和南而出。左股有“分鸥亭”，突注岸外，坐亭中，尽见西山形胜。亭下白石齿齿，水流昼夜，湧濞若啮，群鸦上下，去来若驯，先生忘机处也。先生奉长君日涉于园，随处弄笔砚，校雠坟典以寄娱。暇则与邻叟穷弈旨之趣，共啜露芽，嚼米汁，不知世有陆沉之苦矣。昔顾辟疆有名园，王献之以生客径造，傍若无人，辟疆叱其贵傲而驱之出。先生懿行伟辞，标特宇内，士方倚以扬声，以先生亲己为重，贤豪酒人欲窥足先生园，虑无绍介，即献之在，当尽敛贵傲，扫门求通，非辟疆所得有也，彼“郑圃”“辋川”，岂以壮严

① 览香．“上海记忆”消失的露香园 [EB/OL].（2017-09-08）[2021-08-03].http：//www.baidu.com/link?url=OkPSIKCo0s19mabr6JoP938p9uD5pm_Jr2wzCHBRT-jwXnGRHJzhenK-rCvg7xTasL4BEpHkrT9RMm-wTe15kK.

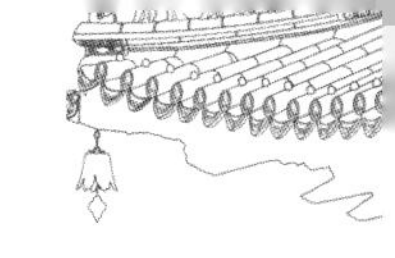

雕镂闻于世？以列子、王右丞重耳；“露香园”不为先生重哉！先生已倩元美诸先生为诗，复命予为《记》，故记之。[①]

第三节　李渔伊园

伊园遗址（图3-4、图3-5）位于浙江省兰溪市永昌街道夏李村伊山。对于伊园建造的具体时间，目前所能查到的资料中均没有确切记载，光绪年间的《兰溪县志》卷八中有“伊山别业”条目记载：“在太平乡伊山头，李渔建。”李渔在《伊园杂咏》中也写道：“予初时别业也”，都没有注明具体建造时间。马悦（2016）认为伊园（又称伊山别业）兴建于顺治初年（1644 年），完成于顺治五年（1648 年），由李渔亲自规划修建而成，也是其第一个园林作品。[②]

图 3-4　伊园旧址

① 朱邦宪 . 朱邦宪集 [M/OL]. 刻本 .[1787][2021-08-03].https://www.bookinlife.net/book-90797.html.

② 马悦 . 李渔诗文之园境研究 [D]. 天津：天津大学，2015.

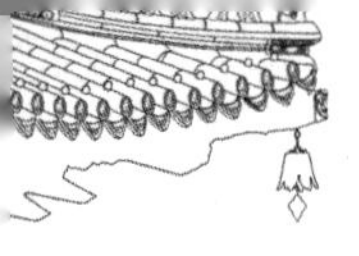

图 3-5 伊山一角

伊园选址背山面水，符合宜居的风水条件，而且景色优美，可以从《拟构伊山别业未遂》[①]一诗中寻找其选址造园的构思和设计。该园建造因地制宜，功能齐全，从《伊园十便》[②]可以看出园内的设施非常便利，而且设计者将以人为本的设计理念

---

①《拟构伊山别业未遂》原文："拟向先人墟墓边，构间茅屋住苍烟。门开绿水桥通野，灶近清流竹引泉。糊口尚愁无宿粒，买山那得有馀钱。此身不作王摩诘，身后还须葬辋川。"

②《伊园十便》序："伊园主人结庐山麓，杜门扫轨，弃世若遗。有客过而问之曰：'子离群索居，静则静矣，其如取给未便何？'主人对曰：'余受山水自然之利，享花鸟殷勤之奉，其便实多，未能悉数，子何云之左也！'客请其目，主人信口答之，不觉成韵。"其一："耕便。山田十亩傍柴关，护绿全凭水一湾。唱罢午鸡农就食，何劳妇子馌田间。"其二："课农便。山窗四面总玲珑，绿野青畴一望中。凭几课农农力尽，何曾妨却读书工。"其三："钓便。不蓑不笠不乘舠，日坐东轩学钓鳌。客欲相过常载酒，徐投香饵出轻鲦。"其四："灌园便。筑成小圃近方塘，果易生成菜易长。抱瓮太痴机太巧，从中酌取灌园方。"其五："汲便。飞瀑山厨止隔墙，竹梢一片引流长。旋烹佳茗供佳客，犹带源头石髓香。"其六："浣濯便。浣尘不用绕溪行，门里潺湲分外清。非是幽人偏爱洁，沧浪引我濯冠缨。"其七："樵便。臧婢秋来总不闲，拾枝扫叶满林间。抛书往课樵青事，步出柴扉便是山。"其八："防夜便。寒素人家冷落村，只凭泌水护衡门。抽桥断却黄昏路，山犬高眠古树根。"其九："吟便。两扉无意对山开，不去寻诗诗自来。莫怪囊悭题咏富，只因家住小蓬莱。"其十："眺便。叱羊仙洞赤松山，一日双眸数往还。犹自未穷千里兴，送云飞过括苍间。"

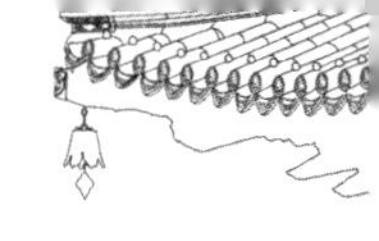

融入其中，使人与环境和谐共处。在注重功能的同时，李渔建园时也十分注重艺术与诗情画意的交融。园内建有亭、桥、廊、轩等建筑，如正《伊园杂咏》一诗中记录的“燕又堂”“宛转桥”“宛在亭”“打果轩”“迂径”“踏影廊”“来泉灶”等，李渔把人造建筑与自然环境结合在一起，融入生活，并赋予优美的雅号，以形成自己的乐园。

李渔的造园思想在《闲情偶寄》中有详细的阐述，然而能体现李渔造园思想的实物已不复存在，现有的伊园废墟已难见往日的雅致，只有李渔所写的《伊园十便》《伊园十二宜》等诗句依然展现着李渔造园的创造力和艺术美。

第四节　上海日涉园

日涉园①位于上海县城东南角，万历年间有陈所蕴②在一座唐氏旧园基础上邀请张南阳、曹谅及顾山师三位匠师先后主持改建而成，占地20余亩。

日涉园的景观空间以水池和假山的组合为主，建筑围绕于水池周围，相互之间通过道路、桥、廊等园林要素进行分割和联系，达到步移景异。全园有36 处景点，是典型的山水园林。园主人将每个景点由画家绘制成《日涉园三十六景图》，现仅存10 图，在上海博物馆收藏。

竹素堂是整个园子的主体建筑，堂前有水池，水池中有湖石假山。堂北有个小水池，池边有小山。大水池中的假山和竹素堂隔水相对。山上有一峰，名为“过云峰”，高十余米，石山上建有来鹤楼与浴凫池馆两座建筑，石山一南一北有偃虹和漾月两座石桥，连接竹素堂和香雪岭，这里也运用了空间过渡的处理手法。

太湖石山南侧土冈——“香雪岭”是园林南部空间的核心，通过偃虹桥与太湖石山相连。香雪岭上遍植梅花，岭下多种植桃，其中有蒸霞径作为联系东西的通道。蒸霞径之西有三座建筑，分别为明月亭、啼莺堂和春草轩，“皆便房曲室”，三者构成位于园林西南角的建筑组团，是园中相对独立的庭院空间。

太湖石山东侧是以知希堂为主的建筑组团，漾月桥、东皋亭、修禊亭，以及两者之间的步廊构成过渡空间。知希堂前有独立院落，院中有古榆和古桧，“双柯直上”，两棵树“皆数百年物也”，是原来唐氏旧园所留。知希堂北侧为濯烟阁和问

① 园名“日涉”，取自陶渊明《归去来辞》中“园日涉以成趣，门虽设而常关”之句。

② 陈所蕴，上海人，字子有，明万历十七年（1589 年）进士，曾做过南京刑部员外郎，为官执法公正，不徇私情，有“铁面郎”之称。

字馆，两建筑前后又有太湖石假山，并有一小峰，登上小峰可见黄浦江中船帆林立和县城中的“民间井邑”。由濯烟阁西行可至“翠云屏”，这是园林北部的一处空间分隔，其南侧与夜舒池相接，北侧有殿春轩，轩后有一处长廊，尽头是一座名为“小有洞天”的建筑。小有洞天前有英德石假山，样貌奇特，“见者谓不从人间来”，“长可至丈八九尺”，从此处“迤逦而东”可到达园林最北侧的万笏山房，其前有武康石假山。[①]

陈所蕴于84岁卒。日涉园曾归词曲家范文若所有。范文若也是上海人，天启间曾任南京兵部主事等职，因自恃才高放旷，难容于官场，48岁时为家仆杀害。后园又为乔氏所得，不久归陆明允。陆氏乃上海望族，传为三国陆逊后裔。明正德年间，翰林院编修、书法家陆深移居上海城东黄浦江畔。陆明允是陆深的侄孙，子起凤修葺园景，增建古香亭、抱笏峰、绿漪亭、钓鱼亭等。入清，传至陆秉笏，添建传经书屋。秉笏子陆锡熊，号耳山，生在园内，幼时饱读诗书，乾隆二十年（1755年）进士，三十八年与纪晓岚同任《四库全书》总纂，后授翰林院侍读学士、都察院左副都御史。他将园中部分景物重新题名，如尔雅堂改为长春堂，知希堂易名映玉堂等。从明末到清后期，陆氏子孙居老宅和日涉园两百余年，为私家园林史上罕见。关于日涉园荒废后的情形，已故书隐楼主人郭俊纶在《沪城旧园考》中写了他亲见的事实：“后假山为哈同花园买去，园址逐渐沦为作坊，余童年常入内观看踏布坊工人踏布。此外还有几家红木家具工场。当时我家对门稍南，沿街还竖立旗杆四根，作为陆氏祖先品官的标志。后布坊因洋布畅销，无布可踏而停业。后半部由曹素功墨店买去建制墨工场，前半部造石库门里弄房屋，辟走道通梅家弄。旗杆亦于此时拆卸。当时靠梅家弄尚有旧屋数楹，为陆家裔孙居住。”

鸦片战争后，日涉园逐渐荒芜，幸运的是还保留有《日涉园三十六景图》10幅（图3-6）、《日涉园集》10卷以及园主陈所蕴《竹素堂藏稿》中有关此园的记述。从这些记录中可以遥想当年日涉园的园景之臻美，造园艺术之精湛，可佐证其历史的辉煌。王世贞所写《日涉园记》摘录如图3-7所示。

① 周向频，孙巍．晚明“上海三园”造园特征探析[J].同济大学学报（社会科学版），2019，30（3）：91-100.

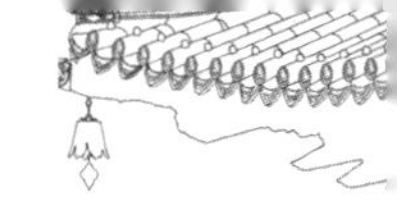

图 3-6　《日涉园三十六景图》之一

則士之報禮重大夫老矣其語而子孫當世世無忘茲遇
以思所以效於未竟者不佞日有望焉
日涉園記
今大都督楊公歸自帥越乃損祿之餘擇勝地於其居
之西南爲園而顏之曰日涉蓋取晉徵士陶潛所賦歸
去來辭語也夫以陶先生令彭澤僅八十餘日即去之
而其所謂園者亦僅樹檪柳藝蔬茹杞菊之英斐疊於
籬落間而已其所謂日涉者又僅一漢陰之叟朝而灌
欽定四庫全書
夕而壁以其間假息於桑榆之間而謂之趣今楊公號
爲都督踞十一郡三樓船將軍之上而提衡之位不爲
不尊出入戎馬幾二十餘年不爲不久擁高牙建大纛
金紫銀艾爲之後先奔走不爲不重及其歸而所謂園
者前榫楔而後庖湢左亭右榭凉堂奥室便房廻廊在
在而有太湖靈壁之石紅鸕素磬閩越蜀廣之卉紛錯
臚列而不可名計其所謂日涉者多守相之干旄學士
大夫之几展鐘鼓管籥夕奏而朝流響眙遺鐶沾於階
砌之傍而不散而後謂之趣嗟夫陶先生楊公即亡論
上下數百千載第列之步武之内而使一孺子辨之必
不以爲類也夫使顧而睨者狹吾有以勝其無約而隱
者狹其無以易視吾有而謂爲不類固宜陶先生則固
無所事此已獨楊公快然於其所謂貴重且久其曹偶
之所豔得而味言者一旦脫屣而去之而不爲動知其
無累於外境也夫無累於外境而取足於内則夫大鵬
之搏扶搖羊角而上九萬里尺鷃之且莫決於槍榆其
欽定四庫全書
爲適達一也且當陶先生前天下固有挾其有而致豊
於一園至於臺若沼而尊之以瑤苑而尊之以圭若琨
其爲濟若谷而尊之以金者不知其一轉盻而辱於燕
叟牧豎之手求其遺跡於荒烟斷碑而不復可得第取
陶先生之辭一再諷咏之而所謂日涉者固恍然若新
也楊公之必不狹吾有以求勝其無明矣公與不佞厚
謂有以記之不佞罷青州歸爲園公第後可十載然不
能守而爲世所迫以出今強顏而記公之園得無自愧
於有無之間而文吾出處之累耶然公望重非久且復
出不佞歸爲公代而日涉之矣

图 3-7　王世贞所写《日涉园记》

资料来源：钦定四库全书集部 6- 明弇州四部 - 明 - 王世贞卷七十五。

第五节　海宁安澜园

安澜园，遗址现位于海宁盐官镇西北隅的盐官村立新组陈园里，故址在原浙江省海宁县拱辰门内。宋代安化郡王王沆赐第盐官，始建该园。元代逐渐荒废。明万历年间，戏曲家、太常寺少卿陈与郊在王氏故园遗址上理水叠山，修建园林，名曰“隅园”。清康熙年间，陈元龙整修隅园，改名为“遂初园”，俗称陈园，后其子陈邦直继续在原有基础上进行扩建，建有景点三十多个，面积达百余亩。园中山石水池、亭台楼阁相互辉映，古木苍松，翠竹蓊郁。乾隆皇帝晚年两次南巡，观阅海塘，曾短住于此，遂赐名“安澜园”。（图3-8）

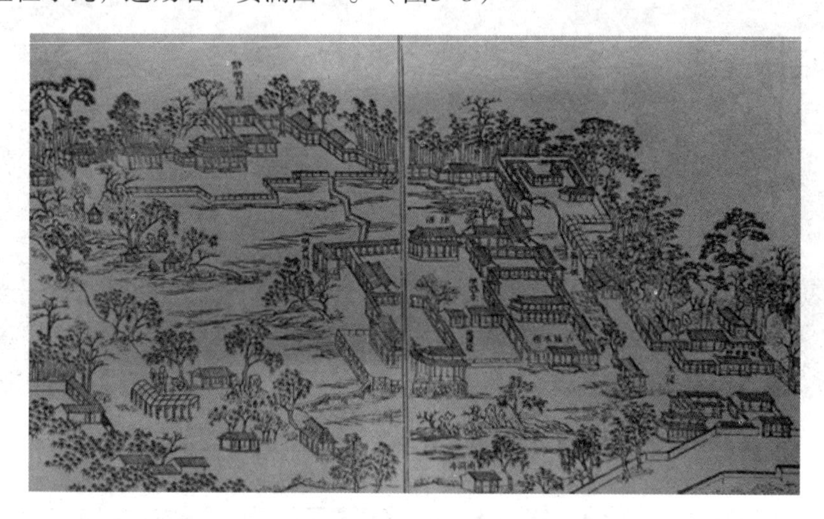

图 3–8 安澜园（选自《南巡盛典》）

太平天国时期，此园毁于战火。至20世纪60年代初，安澜园中假山石、古木等屡遭洗劫，假山被毁，古树不见，池塘淤塞，只有明代曲桥及小池塘得以幸存。

当地政府为保护安澜园遗址，于1982年2月公布“安澜园遗迹——曲桥及荷池”为海宁县级文物保护单位。2003年7月，将“安澜园遗迹——曲桥及荷池”名称改为“安澜园遗址”。2011年1月，将其公布为浙江省级文物保护单位。

陈璂卿[①]在《安澜园记》中写道：“若夫负陵踞麓，依木临流，或藤盖一椽，或花藏数甋，因地借景，点缀间之，皆有可观，不能殚记。嗟乎！天地之道，以变化而能久，故成毁恒相倚伏。蛇虺狐兔之区，忽焉而湖山卉木，骚人文士，佳冶窈窕，听莺而携酒，坐花而醉月，览时乐物，咏歌肆好，日落欢阑，流连不去，何其盛也！至于水阁依然，风帘无恙，而其人既往，事不可追，有心者犹俯仰徘徊，兴今昔之感，矧当华屋山邱，遗踪歇绝，其慨叹当复何如耶？夫自湖山卉木而更渐，即于蛇虺狐兔之时，非数百年不能尽复其故，而硕果之剥，必有值其时而无可如何

① 陈璂卿，生卒年不详，字卜三，号石眉，又号天目山人。浙江海宁盐官人。工诗文，善绘事，尤精训诂音韵之学。著有《篆香小谱》。

者，又况生也有涯，神智易敝，更不若草木之坚、与花鸟之往来无息也，不尤可太息耶？自老人殁，一再传于今，园稍稍衰矣；然一邱一壑，风景未异，犹可即其地而想象曩时；过此以往，年弥远而迹日就湮，余恐来者之无所征也，故记之。”①

陈从周老先生曾谦虚地写道：“园无雕绘，无粉饰，无名花奇石，而池水竹木，幽雅古朴，悠然尘外。老人随意所之，游览既毕，良辰佳夕，可以觞咏，可以寤歌，因各系以诗焉。”②

清代著名园林鉴赏家沈复③，于乾隆四十九年（1781年），在其《浮生六记》中说：“游陈氏安澜园，地占百亩，重楼复阁，夹道回廊。池甚广，桥作六曲形；石满藤萝，凿痕全掩；古木千章，皆有参天之势；鸟鸣花落，如入深山，此人工而归于天然者。余所历平地之假石园亭，此为第一。曾于桂花楼中张宴，诸味尽为花气所夺……”如此高地评价安澜园，足以说明安澜园匠心独运，造园技艺高超。

第六节　半茧园

半茧园（原名春玉圃），位于江苏昆山老城区，现昆山市第一人民医院内。其为明清时期江南名园之一，为明嘉靖年间叶恭焕所建造，后其孙叶国华修建拓展，全园面积达60亩，并更名茧园。④清初，叶国华晚年把茧园分给三个儿子，次子叶奕苞⑤得到东偏之半，修葺之后，命名为半茧园。

清代昆山文人龚炜在《巢林笔谈续编》中记载了茧园的绰约风姿：“其竹木泉石，蔚然深秀，其堂曰‘大云’、曰‘小有’，其亭榭曰‘烟鬟’、曰‘霞笠’，其轩曰‘据梧’，其阁曰‘樾阁’，其径曰‘绿天’。雕栏萦绕，缀景如画，洵东城胜地也。”

叶氏后人并未守住半茧园，该园后鬻平湖陆氏，渐至荒芜。清政府地方多次修

---

① 节选自《海宁州志稿》卷八《建置志》十二《名迹》，原文过长，故未全录。

② 陈从周，蒋启霆．园综（精）[M]．同济大学出版社，2004．

③ 沈复（1763—1825），字三白，号梅逸，清乾隆二十八年十一月二十二日（1763年11月22日）生于长洲（今江苏苏州）。清代文学家。著有《浮生六记》。工诗画、散文。

④ 叶国华、仲子、叶奕苞的《半茧园十叟图诗序》中有记载：“先大夫名园曰茧，苞请其说，则曰：‘茧，蚕衣也。蚕之功，衣被天下，非作苦休息于茧中，无以竟其用。予耄矣，小子正抽丝营茧时哉。’苞受命而退。”

⑤ 叶奕苞（1629—1686年），字九来，一字凤雏，号二泉，别署群玉山樵。

缮此园。光绪年间此园被改为学堂；民国时期改为医院；解放后，在此基础上扩建成了第一人民医院。半茧园旧址现仅存小土山、揖山亭（图3-9）、古樟树（见图3-10）等数处残存景观。[①]

图 3-9 揖山亭（来自网络）

图 3-10 古树（来自网络）

第七节 坚匏别墅

坚匏别墅坐落于杭州市西湖区北山路32号，为清末民初江南富商刘锦藻所建，因刘锦藻晚年号“坚匏庵”，因此得名坚匏别墅，俗称小刘庄。坚匏别墅坐北朝南、依山而建，紧邻西湖，与北宋大佛头相邻，西接宝石山造像。《西湖新志》卷八述：“在弥勒院右，为吴兴刘锦藻别业，俗称小刘庄。”

图 3-11 坚匏别墅大门

坚匏别墅依山傍湖，位置极佳。别墅建成之后，有鱼塘、假山、奇花异草，园林景色无所不有，受到时人推崇。整个别墅庄园依山取势，回廊环绕，曲径

① “半茧园”毁于医院的江南名园 [EB/OL].（2016-11-29）[2021-08-03].http://blog.sina.com.cn/s/blog_5d227d5c0102xi80.html.

通幽，面积不大但陈设精巧，回廊曲折，花木扶疏，步移景异。正屋楼台的铁栏杆全用“坚匏”篆文铸成。左进为无隐隐庐，壁间嵌有名人石碑。楼西侧建有一亭，称之为东泠，与西泠相呼应。据《新西湖游览志》记载：“墅在山麓，游人必蜿蜒而上，石阶曲折，细草夹道，入室轩敞，而陈设均极简古。偶一凭高闲眺，觉宝石山、蹬开岭均若萦带左右，而湖风扑爽，尤有飘飘凌云之志，可以在湖庄夺一重席。”

著名学者俞平伯先生青年时曾居住于孤山俞楼，空闲时常游玩于坚匏别墅。那时园子尚未完工，但他对这个栽花种竹、别具风格的庄子依然十分欣赏，曾在1928年5月27日，写下一篇美文《坚匏别墅的碧桃和枫叶》：“十分春色，一半儿枝头，一半儿尘土；亦唯其如此，才见得春色之的确有十分，决非九分九。”[①]

我国著名园林学家陈从周老先生也曾去欣赏过小刘庄的春色，他说：“这个平静超逸、可居可望的庄子，与现在的豪华宾馆园林不可同日而语，有个性，有境界，有江南人的风情……”他认为小刘庄也应该修一下，留下一个与众不同的游憩地。为此，他还写下一篇《西湖小刘庄》，在文章的结尾，他这样写道：“小刘庄占地小楼小庭院小假山小，小中见大，其突出在一小字，我爱小刘庄。”[②]

如今的坚匏别墅成了多户人家住处，仅有大门门楼（图3–11）保存相对较好，园内的景色已不复存在，唯余台阶（图3–12）、小巷（图3–13）以及荒芜之境（图3–14），留给后人无限的记忆和想象。

图 3–12　台阶

图 3–13　院内小巷

① 俞平伯．坚匏别墅的碧桃与枫叶 [J]. 中学语文，2018（26）：3.

② 仲向平．西湖别墅——坚匏别墅 [J]. 杭州金融研修学院学报，2006（8）：63–64.

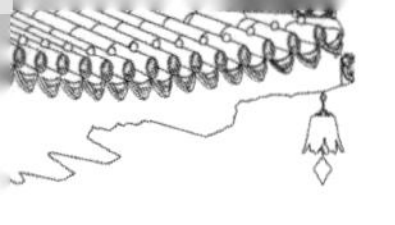

图 3-14 坚匏别墅现状

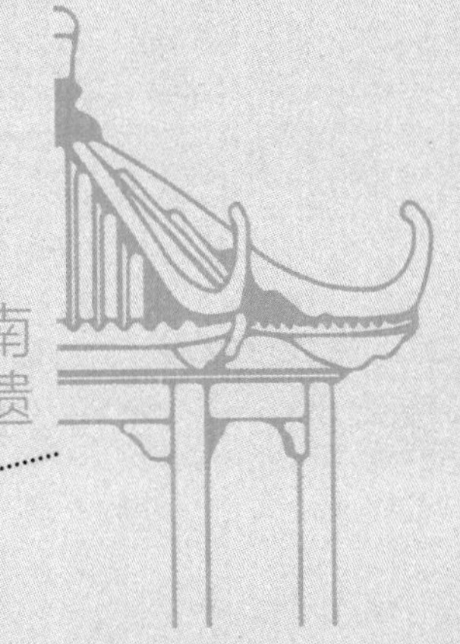

04

第四章　焕然一新的私家园林

第一节　明清浙江遗址私家园林

1. 丁家花园

丁家花园，位于杭州市上城区湖滨街道兴安里33号，属于典型的江南私家园林，是清山东盐运使丁阶[①]寓所，故称为丁家花园。据《梦粱录》[②]记载推测，丁家花园所在地就是宋代曹善应建成的石榴园的遗址，其于宝庆年间毁坏，后重建。明洪武年间，在此设置杭州右卫镇抚司；清代，镇抚司旧址成为巡抚王亶望别墅，后来王亶望劣迹败露被籍没，割其宅西为宁绍、嘉松两盐运分司署，东侧园亭台池改建为山东盐运使丁阶寓所，丁家花园由此而来。后来丁家花园毁于战火，固鲁铿[③]修复，改称“固园”。固鲁铿去世后，固园为秦缃业所有，复名丁园。陈其采任国民党南京政府浙江省财政厅厅长时，在此处购地建别墅，居住于此。建国后，丁家花园被政府收回，作为浙江省政府干部宿舍使用。

2001年，上城区绿化办在保持原状的原则上对其进行修复；2017年1月13日，其被浙江省人民政府公布为浙江省第七批省级文物保护单位。

丁家花园修复后成了开放式的具有中国传统私家园林风味的小花园，园中有小桥流水、假山奇石、花草树木及以景亭、铺地等。（见图4-1—图4-7）

图 4-1　丁家花园为浙江省省级文物保护单位

① 丁阶，字方轩，山阴人，乾隆甲辰进士。

②《梦粱录》是宋代吴自牧所著的笔记，共二十卷，是一本介绍南宋都城临安城市风貌的著作。

③ 固鲁铿，字昼臣，蒙古正白旗人，官广西浔州知县，有《固庐诗存》。

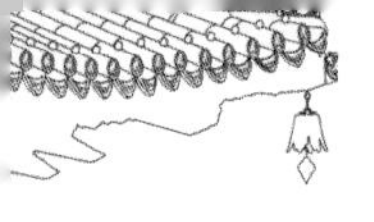

图 4-2　丁家花园主体建筑

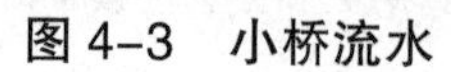

图 4-3　小桥流水

图 4-4　山石驳岸

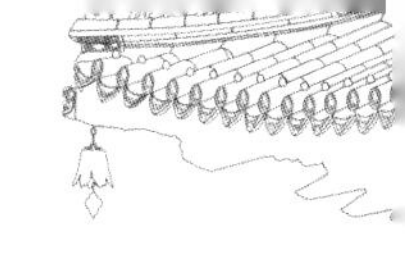

图 4–5　山石

图 4–6　亭子

图 4–7　园路

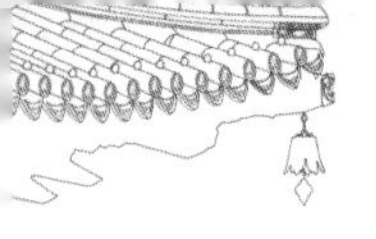

2. 勾山樵舍

勾山樵舍，位于杭州市西湖柳浪闻莺公园正门对面，杭州市上城区河坊街556号，是陈兆仑[①]的故居，院落四周用石头砌成高墙。勾山樵舍的名气更多是源于陈端生[②]写的《再生缘》这一弹词作品。

该遗址的私家花园和建筑已毁坏，残留的园子半亩不到，如今遗址上的园林、建筑均为近代重建，仅有民国时期的西式别墅建筑保存较好。郭沫若先生在1961年游西湖时曾特意去寻找过勾山樵舍，并赋诗一首赞曰："莺归余柳浪，雁过胜松风。樵舍勾山在，伊人不可逢。"现在看到的勾山樵舍完全是重建后的效果，虽没有往日的光芒，但也是打造得比较精致的一个景点。入口处有湖石假山和水池，高低搭配的植物，曲折的盘山小路；山顶一亭子，可以远望西湖，近观花草树木；随地形的高低起伏，配以植物、山石、道路，也是别致的小园，在西湖边上也是难能可贵的一处别致的景致了。（图4-8—图4-11）

修复后的勾山樵舍和以前的相比，原有的环境和空间已被破坏， 但勾山犹存，遗址尚存， 独有的小亭和蜿蜒的小径在翠竹置石之间依然见证着故去的历史。

图 4-8　勾山樵舍

① 陈兆仑， 字星斋， 号勾山，清雍正年间（1723—1735 年）进士，官至通政司副使、太仆寺卿，是"桐城派"古文家方苞的入室弟子，著有《紫竹山房诗文集》，诗文淳古高雅，在当时颇有名望，有"文章宗匠"之称。

② 陈兆仑的孙女。陈端生（1751—约 1796），字云贞，浙江钱塘（今杭州）人。清代弹词女作家、诗人。著有《绘影阁诗集》（失传）、弹词小说《再生缘》（一至十七卷）。所著《再生缘》一书在当时流传极广，风靡一时，尤其深受妇女的喜爱。

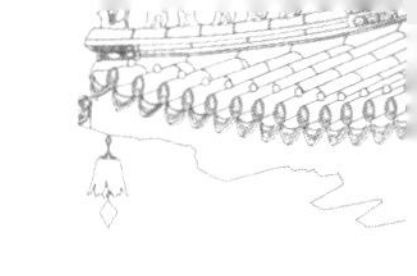

图 4-9　台阶

图 4-10　勾山顶上的亭子

图 4-11　山石

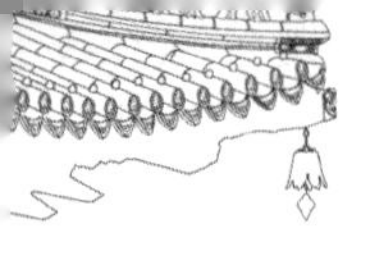

3. 杭州汪宅

汪宅，位于杭州市上城区小营街道望江路266号，胡雪岩故居的北面，原是胡庆余堂账房先生汪秉衡的私人住宅，其建筑属于典型的晚清民居建筑风格。2000年，汪宅被列为杭州市第三批市级文物保护单位（图4-12），现作为杭州方志馆免费开放。

图 4-12　汪宅

在相关的文献中基本没有搜到汪秉衡的有关记载，据汪秉衡的后人说，是汪秉衡主持修建胡雪岩故居后，发现还有剩余的建筑材料，就和胡雪岩说，拿这些剩余的材料建一个“陋屋”。汪宅整体格局是前宅后园，其中建筑装饰的砖雕、木雕等都十分精美，后花园建有亭台楼阁、假山、树木等。2004年，大火导致汪宅大部分被烧毁，虽已经修复，却少了原有的味道。

现在的汪宅是修复一新、具有传统特色的私家园林。园中根据现有地形营造建筑，布置花草，铺设道路等，构成景观空间序列。自该园西门进入后，往东沿着幽邃的小径走去，空间较为狭窄，到远香亭时转换视线，则豁然开朗，两个空间对比强烈。游人漫步园中，竹子、红枫、梅花等夹道相迎，步移景异，可尽赏幽径苔石、亭墙门洞，静谧安宁。（图4-13—图4-19）

图 4-13　庭院铺地景观

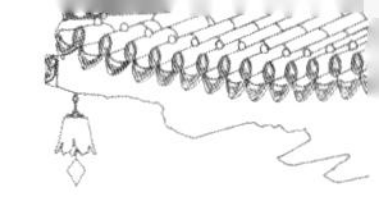

图 4–14　花瓶型门洞

图 4–15　青砖铺地

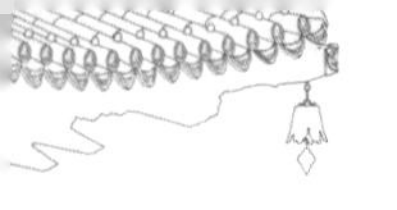

图 4-16　远香亭

图 4-17　植物配置

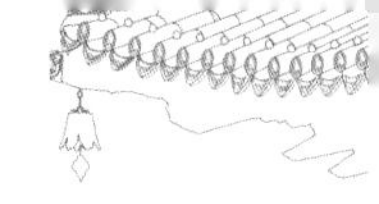

图 4-18　古井与金鱼图案

图 4-19　拱形门洞

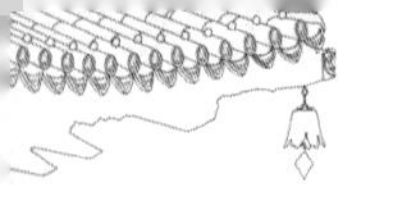

4. 留余山居（杭州）

留余山居，位于浙江省杭州市西湖区南高峰北麓，为清代西湖旁著名的园林景观，被评为当时清代杭州二十四景之一。清《湖山便览》卷八："在南高峰北麓，由六通寺循仄径而上，灌木丛薄中，奇石林立，不可名状。山阴陶癀，疏石得泉，泉从石壁下注，高数丈许，飞珠喷玉滴崖石，作琴筑声。遂于泉址结庐，辅以亭榭。由泉左攀陟至顶为楼，曰'白云窝'，楼西为台，以供眺览，曰'流观台'。台下洞壑窈窕，稍得平壤数弓，为堂三楹。乾隆二十二年，圣驾临幸，赐题'留馀山居'四字为额。"[①]《西湖新志》卷二："有望湖楼、江亭、听泉亭诸胜。"[②]今已不存。

根据《南巡盛典名胜图录》中所绘制的留余山居（图4-20）中各种园林要素的布局形式可以看出，留余山居所在地理位置得天独厚，东边是西湖，西边是钱塘江，往南可以看到雷峰塔，北面依靠南高峰，是绝佳的风水宝地，是真正的山林地，具有天然之趣，真山真水，加上整体构园布局与地形巧妙结合，错落有致，使得全园自然地在远近俯仰空间上也有了一种起承转合的园林空间关系。

图 4-20　留余山居（《南巡盛典名胜图录》）

① 翟灏．湖山便览（附西湖新志）[M]. 上海：上海古籍出版社，1998.

② 胡祥翰．西湖新志 [M]// 翟灏．湖山便览（附西湖新志）．上海：上海古籍出版社，1998：413.

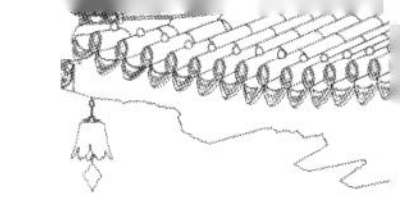

从相关文献记载中留余山居望湖楼、听泉亭等建筑的命名不难看出，其主人在造园伊始就有了引入园外之景、融园入景的思考。不论是借其色、借其声、借其香还是借其活，其所借对象多为江、湖、泉、山、林等自然环境，其中也不乏季相、时相、天相等自然轮回与之相组合所形成的意境。[①]

2004年，杭州市政府根据古籍记载的布局在原址附近对留余山居进行复建，依然沿用留余山居旧名。在现有的地形基础上修水系，造假山，建亭台楼阁，添置楹联匾额，营造原留余山居的景观。

5. 高庄

高庄，位于西溪湿地的南大门旁边，又称西溪山庄、高氏竹窗，是清代高士奇[②]在西溪修建的私人别墅，是当时杭州城非常有名的一处私家园林。据记载，高庄始建于清顺治十四年（1657年）到康熙三年（1664年）之间。其前身为柴庄，始建于明代，据《明史》记载，孝廉柴云倩曾隐居于此，他的女儿柴静仪，后来更与林以宁、冯又令等人在此结成了“蕉园诗社”。据记载，当时的柴庄“碧涧绕门，白云入室，周围植梅竹数亩”。从中可以感受到当时的柴庄有竹楼花榭、月影泉声之美，俨然一派计成在《园冶》相地篇的郊野地一段中所描绘的景象，地处郊野的柴庄静谧、悠然，叠山理水间完全保留了郊野地本有的野趣。

康熙二十八年（1689年），康熙南巡时，曾临高庄，并赐“竹窗”二字和诗一首，诗云“花源路几重，柴桑皆沃土。烟翠竹窗幽，雪香梅岸古”。现恢复的高庄由高宅、竹窗、捻花书屋、桐荫堂、蕉园诗社等建筑组成。

走进高庄的大门，一进厅的大厅里悬挂着《康熙临幸图》，二进厅的牌匾上写着“逸志不群”的题字，充分表达了高士奇“不与小人争名夺利，决心隐逸在西溪湿地”。门厅曰“隐秀居”，中间是一幅彩绘《康熙驾临西溪图》画屏。图的上部有工整的文字说明：康熙二十八年（1689年）南巡驻跸高庄，赐旧臣庄主高士奇“竹窗”二字，并有御制诗一首：“花源路几重，柴桑皆沃土。烟翠竹窗幽，雪香梅岸古。”两侧对联：“一曲溪流堪隐秀，四园花影好藏春。”高庄又俗称西庄，因此第三进门厅悬“西庄”匾。两侧抱柱联：“宸翰一窗幽翠竹，御舟十里远清溪。”室内中堂上匾书“和鸣书屋”，中间一幅山水画，两侧对联为“开卷神游千载上，垂帘心在万山中”。抱柱联书：“清酒边，满纸春云润屋；芸窗外，一溪秋雪摇空。”最后一进是一座两层建筑，门口上匾书“逸志不群”，两侧抱柱联为

---

① 陈波．饱览江湖：浙派园林传统名园之“留余山居”[EB/OL].（2021-04-20）[2021-08-03]. http：//www.urbanchina.org/content/content_7950224.html.

② 高士奇（1645-170），字澹人，号江村、瓶庐，又号竹窗，钱塘（今杭州）人，官至礼部侍郎。他学识渊博，能诗文，擅书法，精考证，善鉴赏，所藏书画甚富。

“斯室雅斯境幽斯庄古，其艺精其学博其遇殊”。

高庄一半是荷塘，而且是高墙深院。其中后花园的园林建筑都环水而建，东西两厢皆有回廊勾连，山水如画，一年四季皆是美景，也是典型的江南园林建筑风格。

6. 嘉兴勺园

勺园，现位于嘉兴市南湖区南溪西路，故址当是在南湖的西北，是晚明时期南湖西北岸边的著名园林。明崇祯时此园为礼部员外郎吴昌时[①]的私家园林。

园主人吴昌时不惜重金请造园大师张南垣[②]打造园林，因该园面对烟雨楼，临水而建，故名南湖渚室，其中有亭名为竹亭，故又称竹亭湖墅。该园建在湖边的小岛上，是典型的水上园林，远远看去很像一把勺子，俗称勺园。吴藕汀评价勺园：“整座园林面积虽然不大，却到处楼台亭榭，假山峭削，青松苍翠，秋枫红醉；池中荷花，岸边杨柳，面对滮湖（南湖），北背城壕，烟雨楼台，近在咫尺，园楼相对，形成了一个由湖面为中心的建筑群体，环境相当幽雅。”[③]吴先生根据有关史料在《烟雨楼史话》中写下这段文字时，勺园已毁。

吴昌时乃明末文士、复社巨头之一，其修建勺园，并不是退隐山林，享受富贵。该园和一般的私家园林具有不同之处，其不仅是把酒言欢的生活场所，也是复社政治活动的重要据点。民国陶元镛《鸳鸯湖小志·名胜》记载：“（勺园）在滮湖滨……今宝梅亭对岸渔村或即其地。”据说吴昌时建勺园时，“穷极土木之丽”（章楹《谔崖脞说》）。勺园是张南垣营造园林的代表作之一，其选址合宜，规划得体，临水而筑，延伸入湖，园林倒有一半在湖中。清顺治二年（1645年）明末四公子之一的冒襄看到的勺园是“鸳鸯湖上，烟雨楼高。逶迤而东，则竹亭园半在湖内”（冒襄《影梅庵忆语》）。勺园的外部轮廓、建造规模现在已无从考证，但吴昌时当年也是文人，又是“复社眉目”，为园林取名当不至于这般俗气。或许是取自《礼记·中庸》之中的“今夫水一勺之多，及其不测，鼋鼍蛟龙鱼鳖生焉，货财殖焉”，以此来自比勺园在晚明政局中举足轻重的作用，这倒也符合吴昌时的远大志向。

勺园的豪华与繁华不同于一般的私家园林，明诗人胡山作于顺治年间的《烟雨楼词》在描述勺园的歌舞盛况时说：“当楼选胜辟名园，隔水开林起歌院。妖童姿

---

① 吴昌时（1594—1643），字来之，崇祯七年（1634年）进士，官至礼部主事、吏部文选郎中。吴昌时在周延儒当政时，长袖善舞，干扰朝政，最后为崇祯所杀。

②《四部丛刊》本《梅村家藏稿》：张南垣名涟，南垣其字，华亭人，徙秀州，又为秀州人。少学画，好写人像，兼通山水，遂以其意垒石，故他艺不甚著，其垒石最工，在他人为之莫能及也。

③ 吴藕汀，烟雨楼史话 [M]. 嘉兴市图书馆，1997-6.

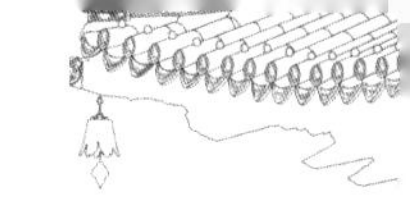

首似鸦头，小婢教歌皆粉面。舞衫歌扇满房栊，子弟梨园侍羞馔。画桡齐放水中央，湖舫留宾百戏张。冠玉参军低绿帻，明珠角伎赛红妆。目成色授潜留佩，怨粉愁香怅隔墙。”由此可见其繁华程度。更值得一提的是，汤显祖的《牡丹亭》面世不过二十年，就在勺园中举行了一场演出，轰动一时。与吴昌时同是应社元老的朱隗专门作了一首《鸳湖主人出家姬演〈牡丹亭〉记歌》，记述当时在勺园厅堂演出的经过，“鸳鸯湖头飒寒雨，竹户兰轩坐容与。主人不惯留俗宾，识曲知音有心许。”从记述中可以看出，吴昌时家班演出的《牡丹亭》，无论声腔表演还是服饰装扮应该都是十分雅致的，所以才能“不须粉项与檀妆”“歌舞场中别调清”。

钱谦益、吴伟业、吴昌时等人时常在勺园中商量时局、寻欢作乐。在钱谦益的诗中，多次写到勺园。例如写于崇祯十三年（1640年）的《题南湖勺园》：“寒园竹树正萧萧，几度南湖影动摇。有雨云岚浑欲长，无山翠霭不曾消。波深地角生朝气，水落天根见暮潮。楼上何人看烟雨，为君杖策上溪桥。”这首诗历来被解读为一首政治诗。当时吴昌时等复社成员筹巨款为钱谦益出山活动但没有成功，最后在各方势力的平衡下抬出了周延儒，诗最后的“楼上何人看烟雨，为君杖策上溪桥”一句，“当更有所指，不仅谓烟雨楼也”（陈寅恪《柳如是别传》），其中的“君”被指为是即将出任明廷首辅的周延儒，“杖策上溪桥”乃是指推动周延儒再次登上相位，而自己也可借此再展政治鸿图。

正因为勺园对钱谦益无论在政治上还是生活上都有着重大的影响，所以即使时隔多年，钱谦益还是难以忘怀，一再赋诗。清顺治七年（1650年）钱谦益路过嘉兴，再次游览南湖。此时吴昌时因所谓“通内”“通珰”“通厂”，在各方势力的倾轧中，被朝臣弹劾“紊制弄权”“纳贿行私”，已被崇祯所杀，勺园破败不堪，而钱谦益也已是从南明的礼部尚书变成清朝的礼部侍郎了，抚今追昔，钱谦益感慨不已，写下了《东归漫兴》六首，其四原注为“过南湖勺园，悼延陵君而作”。延陵君，指春秋时吴公子季札，诗中借指吴昌时。诗曰：“林木池鱼灰烬寒，鸳湖恨水去漫漫。西华葛帔仍梁代，东市朝衣尚汉官。白鹤遄归无石表，金鸡旋放少纶竿。招魂倘有巫阳在，历历残棋忍重看。”并于西华葛帔中梁代句下自注：“《南史》：‘任昉子西华，流离不能自振，冬月着葛帔练裙。’”此诗意在感叹世道变迁、人情淡薄，对为自己意图复起做过疏通的吴昌时的被杀和勺园的充公，表示了同情。作了此首，钱谦益意犹未尽，又作了一首《感叹勺园再作》，更为沉痛。诗曰：“曲池高馆望中赊，灯火迎门笑语哗。今旧人情都论雨，暮朝天意总如霞。园荒金谷花无主，巷改乌衣燕少家。惆怅夷门老宾客，停舟应不是天涯。”这里钱谦益以“夷门宾客”自喻，用信陵君与侯嬴的典故，表现了与吴昌时的感情之深，也以此“寓朝政得失，民族兴亡之感”。

吴昌时被杀后，勺园很快就没落了。顺治年间吴伟业游玩烟雨楼时，勺园已经是“烽火名园窜狐兔”，时过境迁。到了康熙年间，勺园已基本荒废。雍正年间学者章楹在其《谔崖脞说》一书中说到“明末吴氏勺园故址”时，是“其地已为渔庄，惟老柳数十枝，蘸波稍雨，尚是当年故物”。勺园中住着七八家渔民，“芦中系艇，柳下晒罾，蟹簖虾笼，错落滩畔”。至民国时的陶元墉所见，更是面目全非，“余曾一登其岛，中有方池，池之一面甃石为础，似曾结堂构其上者。池旁桑径周遮，有太湖石隐陷土中。该地现为叶姓渔户一族占有……吴既败，园亦荒，今为渔家晒网之场矣。”（陶元镛《鸳鸯湖小志·丛谈》）此后，此地发展成一渔村，即今南湖边之许家村。[①]

2008年易址重建勺园，作为南湖整个景区的一部分。新建的勺园占地面积为45亩，建筑规模为4820 平方米。其中营建水系，堆叠假山，复古建筑，广植花木，根据私家园林的特点和历史记载，按照古典园林的格局进行精雕细琢，建起亭台楼榭，使其环境幽雅，充满古典园林的韵味。

第二节 明清江苏遗址私家园林

1. 东园

东园，位于江苏省南京市秦淮区武定门北侧，现为白鹭洲公园，是明朝永乐年间开国元勋中山王徐达家族的别墅，故称为徐太傅园或徐中山园。明正德年间，徐达后裔徐天赐将该园扩建成当时南京“最大而雄爽”[②]的园林，取名为东园，使其成为著名的明代江南私家园林。

徐天赐在正德年间构筑的东园，到万历时仍保持其风格不变，明代文学家王世贞所作的《游金陵诸园记》中记录东园盛况如图4-31所示。

---

① 钱谦益柳如是与嘉兴勺园，https://www.sohu.com/a/345046613_100014684，2019-10-05/2021-08-03.

② 王世贞．弇州续稿卷 [EB/OL].[2021-08-03].https://www.bookinlife.net/book-174661.html.

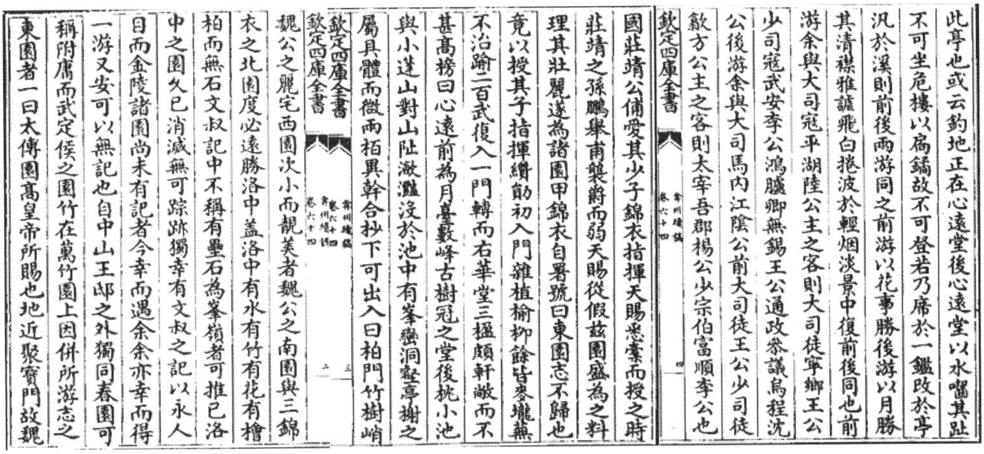

此亭也或云釣地正在心遠堂後心遠堂以水嚙其趾
不可坐危樓以扃鐍故不可登若乃席於一鑑跂於亭
汎於溪則前後兩游同之前游以花事勝後游以月勝
其清襟雅謔飛白捲波於輕烟淡景中復前後同也前
游余與大司寇平湖陸公主之客則大司徒寧鄉王公
少司寇武安李公鴻臚卿無錫王公通政參議烏程沈
公後游余與大司馬内江陰公前大司徒王公少司徒
歙方公主之客則太宰吾郡楊公少宗伯富順李公也

欽定四庫全書

國莊靖公備愛其少子錦衣指揮天賜悉橐而授之時
莊靖之孫鵬舉甫襲爵而弱天賜從假兹園盛為之料
理其壯麗遂為諸園甲錦衣自署號曰東園志不歸也
竟以授其子指揮纘勛初入門雜植榆柳餘皆麥壠蕪
不治踰二百武復入一門轉而右華堂三楹頗軒敞而不
甚高榜曰心遠前為月臺數峰古樹冠之堂後挑小池
與小蓬山對山趾激灩没於池中有峯巒洞壑亭榭之
屬具體而微兩栢異幹合抄下可出入曰栢門竹樹峭

欽定四庫全書

欽定四庫全書

魏公之麗宅西園次小而靚美者魏公之南園與三錦
衣之北園度必遠勝洛中蓋洛中有水有竹有花有檜
柏而無石文叔記中不稱有壘石為峯嶺者可推已洛
中之園久已消滅無可踪跡獨幸有文叔之記以永人
目而金陵諸園尚未有記者今幸而遇余余亦幸而得
一游又安可以無記也自中山王邸之外獨同春園可
稱附庸而武定侯之園竹在萬竹園上因併所游志之
東園者一曰太傅園高皇帝所賜也地近聚寶門故魏

图 4-21 《游金陵诸园记》中记录的东园盛况

资料来源钦定四库全书弇州四部稿，续稿卷六十四，第 2-4 页。

到了清代，徐氏家族爵位已无，其园林大多数已荒废或更换了主人。当时东园还有守园园丁，为苑姓，居桥旁，故桥以苑姓，称苑家桥。甘熙《白下琐言》记载，此时东园虽已趋圮废，但“春光浓冶，鼠姑盛开”时还可“足揽东园之胜”，且“山肴野蔌，冠绝一时，游者必就饮焉”。

《金陵琐志》曰：“（园内）有茶社，曰静乐轩；有酒肆，曰浣花居，以卖野味得名。”东园的一部分被清官僚王泽宏所拥有，并构筑别墅于此，命曰红蔷山馆。这种境况一直延续到清中叶，至嘉庆末年时，虽然东园大部分已沦为菜圃，然溪流曲折，塔影山光，颇有幽趣，还是游人探幽赏景、品茗觞咏的胜境。

然而，道光三年（1823年）的特大洪涝，使得园内“屋宇倾颓，花木凋谢，当年风景，消歇无存”①，一代名园就此圮废。不过，遗址池沼地形尚在，时过境迁，形成了独具野趣的自然景观。光绪时，金鳌在《金陵待征录》中评价东园：“今皆废败。然垂杨春媚，芦雪秋飞，雉堞近环，钟山远矗，小池倒浸，塔影宛然，至今尚为诗境。”②足见东园遗址仍然具有独特的魅力。

1924年，金巴父子在东园故址设立义兴善堂，当地士绅又集资在此开设了一个茶社。同年，修葺东园故址内的鹭峰寺时，发现墙内有块镌有李白名诗《登金陵凤凰台》的石刻，其上刻有名句“三山半落青天外，二水中分白鹭洲”。茶社的经营者因仰慕李白的诗句而引用了李白诗中的地名，将其茶社称为白鹭洲茶社。虽然

---

① 张铁宝，等．秦淮园林 [M]. 南京：江苏人民出版社，2002.

② 吴应箕，金鳌．留都见闻录·金陵待征录 [M]. 南京：南京出版社，2009.

李白的诗句中所指的白鹭洲是南京江东门外长江边的白鹭洲，但此时东园故址湖中有洲，洲边也多植芦苇，秋日时白鹭翔集，景观与长江边的白鹭洲极为相似，故而借用李白的诗，把这位于南京城区东南端的以园林为主的公园称为“白鹭洲”。其后，在东园故址又进行了拓建，构筑有烟雨轩、藕香居、沽酒轩、话雨亭、绿云斋、吟风阁等，形成了初具规模的小型园林。

后由于义兴善堂经营不善，园林日益败落。民国时期曾修复白鹭洲公园，初具佳景。后因日军侵占南京，园林毁于战火。建国后至今，此园历经修复扩建，且基本按照古典园林清代风格进行修复，园内广植花木，修建话雨亭、曲廊，整修烟雨轩、藕香居等，建成了江南山水园林式的文化公园，公园的内涵更加充实完善，被评为“金陵四十景”之一。东园故址及现状如图4-32—图4-41所示。

图 4-22　东园故址

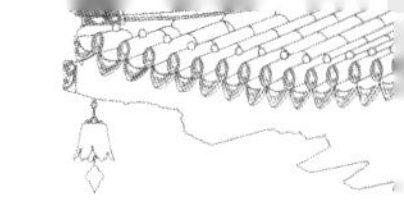

图 4-23　公园大门

图 4-24　一鉴堂

图 4-25 春在阁

图 4-26 携秀阁

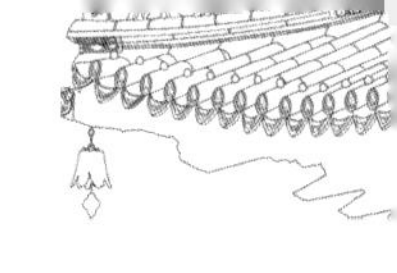

图 4-27　湖泊水景

图 4-28　烟雨轩

图 4-29　壁画

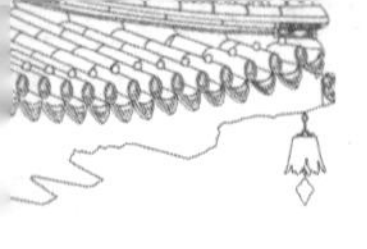

图 4-30 观澜亭

图 4-31 凉亭观景

2. 弇山园（太仓）

弇山园，明代著名的私家园林，位于江苏太仓市县府西街40号。此园为大政治家、文学家、史学家王世贞于嘉靖四十五年（1566年）建造。王世贞最初在小祇林区域建了藏经阁，初称“小祇园”，因在《庄子》《山海经》《穆天子传》等中有仙境“弇州”“弇山”等记载，且王世贞自号“弇州山人”，后改园名为“弇山园”“弇州园”。王世贞在《太仓诸园小记》中写道：“第居足以适吾体，而不能适吾耳目，计必先园。”遂与当时造园名家张南阳一起在太仓城里最先建成了弇山园，此园后被称为“东南第一名园”。

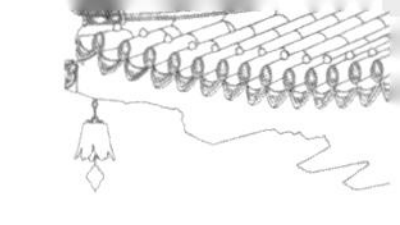

弇山园，占地七十余亩，土石占十分之四，水占十分之三，室庐占十分之二，竹树占十分之一。园中建有三山（西弇、东弇、中弇）、一岭、三佛阁、五楼、三堂、四书室、一轩、十亭、一修廊、二石桥、六木桥、五石梁、四洞、四滩、二流杯等。

弇山园清朝初年被毁，现弇山园是根据明代造园大师张山人的《弇山园》真迹白描图重建。2003年，弇山园进行了全面改造扩建，恢复了“弇山堂”“嘉树亭”“点头石”“分胜亭”“小飞虹”“九曲桥”等20多处景点。现弇山园已为当地的开放公园，名为太仓公园，面积有110余亩，焕然一新，具备了中国传统园林的神韵，又兼顾现代体验式乐园的元素，古今相结合。重塑了旧弇山园碧波环绕、亭台楼阁、绿树成荫的旖旎风光。旧弇山园（小祇园）景色新弇山园景色如图4-32—图4-40所示。

图4-32　钱穀《小祇园图》

图4-33　南门

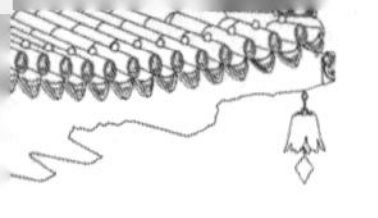

图 4-34 分盛亭

图 4-35 墨妙亭

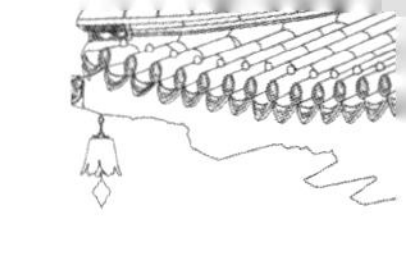

图 4–36　知趣轩

图 4–37　桂莲池

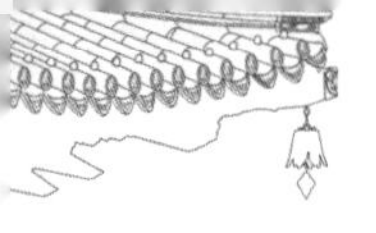

图 4-38　古迹观赏草坪

图 4-39　曲桥

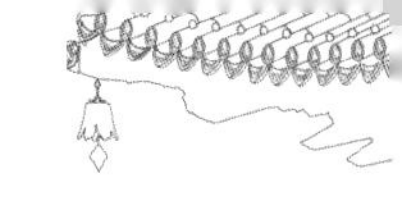

图 4–40　拱桥

3. 愚园（南京）

愚园，又称胡家花园，位于南京市秦淮区老门西，东临集庆门鸣羊街、西倚花露岗，地处夫子庙秦淮风光带，是晚清著名的江南园林，享有“金陵狮子园”之美誉。

愚园，占地面积约3.36 万平方米，南北长约240 米，东西宽约100 米，建筑面积约3890 平方米。愚园由宅院和园林两部分组成，水石是该园林的最大特色，有“城中佳胜眼为疲，聊觉愚园水石奇”①之说。

愚园是明中山王徐达后裔徐傅的别业，已有600余年历史，园主人几经转换。咸丰年间，此园被战火毁坏。清光绪二年（1876年），胡恩燮②辞官养母，筑园建宅，“自以为愚，更其名为愚园”，有表明其不仕归隐之意，以及“以愚名者，乐山水而自晦于愚也”之心迹，又寓“大巧如拙，大智若愚”之意。建有园林景观三十六处。1915年，胡恩燮嗣子胡光国在原有基础上进行扩建，使景园面积增至近3万平方米，增设三十四景，故有前后七十景之说，后历经战乱，园林几度损毁。

2016年5月，经过5 年时间的修缮，愚园正式对外开放。复建过程秉承全面性保护、原真性保护的理念，以著名建筑学家童寯教授所著《江南园林志》中《愚园》

① 薛冰编 . 金陵旧事 [M]. 天津：百花文艺出版社，2001.

② 胡恩燮（1824—1892），字煦斋，江苏南京江宁人。徐州市近代煤矿的创办者之一。

手绘图为蓝本，保持园内原有的结构布局、历史风貌、空间尺度。园内花墙、假山等处严格按照历史照片重建，全力还原愚园历史风貌。

邓嘉辑曾写“愚园记”，记载当年愚园盛况，描述如下：

“凤凰台”西隙地数十亩，榛芜蔽塞，瓦砾纵横，兵燹以来，窅无人迹，旧为明中山徐王西园，煦斋太守乐其幽旷，货而有之；又以市产与崇善堂易其余之闲地，因高就下，度地面势，有宫室台榭坡池之胜，林泉花石鱼鸟之美，规模宏敞，郁为巨观，一时宴游，于是焉萃，信乎人物之盛，甲于会城者矣。

门东向，临鸣羊街，后倚花盝冈，明之时有“遯园”，顾文庄之所筑也。门以内，栌欂节棁，髹漆雕绘，南北相向，爽垲之屋数重，奉太夫人居养于内，且以安其家室焉。屋之西，别为园，主人名之曰：“愚”，石埭陈先生虎臣颜其额。

自是人园，绕廊，北绕而西，镵石曰：“寄安”，主人自书之，嵌于壁。又逶迤西上，稍拓为槛，曰：“分荫轩”，置几案数事，游客得以少息。凿壁为门，阖之，以示境之不可穷。转而南下，至于“无隐精舍”，面南屋三楹，后为澡浴之室，庭中植桂四、五株，杂艺鸡冠、老少年之属，馥烈以风，陆离染雨，深秋送凉，香色四溢。庭左数十步，为“春晖堂”。其后莳鼠姑花数种，其前甃石为池，荇藻漾碧，水清见底。池侧有小阁，洼然居累石中。两旁皆假山，嶙岈嵚崎，历落万状。阁左出，乃达于堂。循假山而西，磴道盘折，而跻于巅，孤亭耸峙，若飞鸟之将翔。以机引曲池水为瀑布，返泻于池，铮铮声若琴筑。其东仿倪高士“狮子林”，叠石空洞，曲道宛转，忽升以高，忽降以下，径若咫尺，而不可以跨越，游者眙眩，几迷出路。与西山相对峙，皆可以来会于堂下。斯堂轩豁洞敞，列屋延袤，为一园之胜，署曰：“清远堂”，张子青中丞所书，其楹帖则我师全椒薛先生撰也。壁间榜时人题咏皆满。入其右，为“水石居”，前临清塘，大可数亩，芙蕖作花，疏密间杂，红房坠粉，掩映翠盖，长夏南窗毕启，熏风徐来，荷香晴袭，时有潜鱼跃波，翠禽翔集，倚栏披襟，溽暑荡涤。塘泛瓜皮小艇，可容两三人弄棹于藕花深处，新月在天，水光上浮.丝管竞作，激越音流，栖禽惊飞，吱吱格格，与竹内之声相和。堂之左，连闼洞房，为主人操琴之所，素心人来，作一弄。其上有阁，可以望假山，启后户，曲径如羊肠，缭以疏篱，竹树蒙密，中为“竹坞”，轩窗四辟，罥以碧纱，绿阴昼静，当暑萧爽。循篱南行，至“深耕草堂”，不翦茨，不丹漆，规制俭朴，略如农家。旁列茅亭，引水蓄鹅鹜，正西面塘，溉水田亩许，种黑秬，主人或亲挽桔槔学灌园，秋获足以供祭。就水南为榭，居草堂之北阴，是为“秋水蒹葭之馆”，水木明瑟，湛然清华。沿塘筑长堤，夹树桃、柳、芙蓉，杂花异卉，春秋佳日，灿若云锦。循堤而南不百步，有高阁窿然踞冈阜之上，梅花几三百本，枝干虬曲如铁，时有清鹤数声，起于梅崦之下。登阁而眺，东北诸山烟云出没，如接几席，因名阁曰：“延青”。时见南邻茂树，拂郁云表，“分荫轩”所

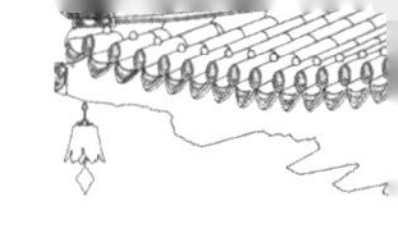

由名也。坡陀东下，渡石桥，北与“清远堂”正对，为主人家祠，时聚子孙习礼其中，祭毕，合其扉，游人希得窥也。度垣得小丘，若岖若岊，拾级百步许，有面东之屋数楹，编竹为藩篱，海棠八九株，花时嫣红欲滴，为“春睡轩”。后瞰果圃，多桃、李、梅、杏、枇杷，青黄累累，鲜美可摘。出篱门，值塘之东堤，堤旁临水之榭。署曰：“柳岸波光”，抚包先生慎伯旧榜，而于此地为特宜。隔岸望“课耕草堂”，风景如在村落间。又东一堂，扣而通之，朱桥碧栏，横亘于上，泛艇之人，往来放歌于其下。度桥，弯环曲径，葡萄连架，覆蔓垂藤，绿荫蔽日。入西向一门，为楼三楹，与“水石居”相近，其中积轴万卷，度置如屏，主人每吟啸于上，弄丹黄也。循楼而东，直达回廊，复与“无隐精舍”接矣。凡斯园之中，各据胜概，而隐有内外之概限。游兹园者，自回廊以西，至藏书楼为内园；自藏书楼以西，循长堤，东至“竹坞”为外园；必穷日登览始遍。“竹坞”东出，别有门可通往来，与主人相识者来游，或不见主人，纵观周历而去。主人奉板舆之暇，乐与宾客觞咏，以娱其天，煦煦焉不知老之将至也。主人负不羁才，慷爽多奇气，粤寇之乱，冒白刃出入城中，谋恢复，事泄不果，跳身而免，虽穷厄困极，赖以振拔者甚众，苟遇于世，将有所以见于天下，岂其自放林泉、托于“愚”以终老耶？然其经营布置，又岂寻常所可及哉！吾观天下盛衰兴废之事相寻无穷，而名之传要必以人为重。斯园于明为元勋别墅，其邻近若“逊园”“味斋”“海石园”，当其盛时，林亭甲第蔚然相望，今皆消沈划遯灭，而其名尚存，则斯园之必赖主人以传，又何疑焉。予第述其形势，列序其名，以谂游者，且质之主人，以为何如？光绪四年十二月记。①

愚园古今风貌如图4-41—图4-43所示。

① 鲁晨海编注，中国历代园林图文精选·第五辑 [M]. 同济大学出版社，2006.

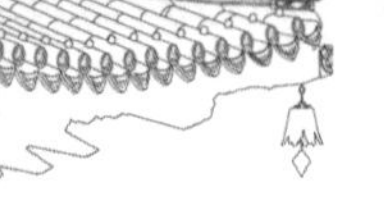

图 4-41　愚园内园俯视图 [迈耶 · 佛兰克 · 尼斯（美国），拍摄于 1915 年 5 月 5 日]

图 4-42　愚园正门

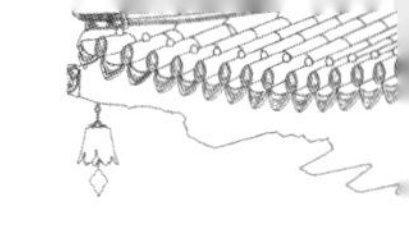

图 4-43 铺地

4. 泰州口岸雕花楼

位于江苏省泰州市高港区（柴墟古镇）的雕花楼，建于清乾隆四年（1739年）江南木商姚氏始建东楼，因经营不善家境败落，后民国时期易主为本地儒商李松如。李松如续建西楼和厢楼，进一步扩建了园林，在园中建设了亭台楼阁、轩榭廊坊。现为江苏省文物保护单位。

走进园内可以看到，其内部的建筑布局与江南私家园林比较相似，建有小桥流水、曲径长廊、飞檐翘角、假山伴水、植株葱郁等可游可赏可憩的古典园林景观。其中水池旁的石舫建筑造型最为精美，在建筑两侧还贴有一副对联——“石舫能行千古月，木排好趁一江风”，寓意乘风破浪，前程似锦。

进入古雕花楼内部，可以看到一个造型四方的建筑，这里才是古雕花楼最为精华的地方。环顾四周，目之所及的建筑构件如门窗、回廊、立柱、栏杆、檐壁等都是由雕花构件组成；木雕图案有龙凤呈祥、渔樵耕读、三顾茅庐、东吴招亲、花鸟鱼虫等。雕花楼的显著特点是雕刻题材广泛、工艺精湛、布局讲究。

在古雕花楼前还有一个楼阁，名曰“观澜阁”，有三层楼高，其中第一层隐藏于一片假山之中，登上观澜阁便可将整个古雕花楼建筑群尽现眼前。

该雕花楼的园林中葱郁的古树、碧绿的水池、游来游去的鱼儿、飞檐翘角的建筑等，都是江南园林中必不可少的造园要素。虽不是名园，但此园也是主人在当地的地位象征，具有一定的艺术价值。雕花楼园林之景如图4-44—图4-51所示。

图 4-44 假山

图 4-45 连廊

图 4-46 假山置石

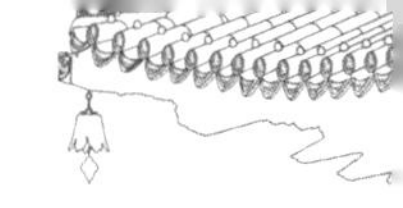

图 4-47　湖石驳岸

图 4-48　局部鸟瞰

图 4-49 爬山廊

图 4-50 观澜阁

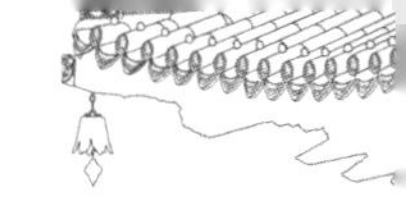

图 4–51　沐雨舫

5. 薛福成故居（无锡）

薛福成[①]故居位于江苏省无锡市崇安区健康路西侧，又称为“薛家花园”，始建于1890年，建成于1894年，是清末无锡籍著名思想家、外交家、资产阶级维新派代表人物薛福成的宅第。整组建筑气势雄伟、特色明显，体现了清末西风东渐的时代特征，填补了我国建筑史上的空白，有“江南第一豪宅”之称。

① 薛福成（1838—1894），字叔耘，号庸盦，无锡北乡寺头人，是我国近代著名思想家、外交家和资产阶级早期维新派代表人物之一。

薛福成故居整体布局较为规整，中轴线明显，建筑功能划分合理。整个宅院按照中、东、西三条轴线建成，形成前窄后宽的“凸”字形，俯瞰宅院犹如一只振翼高飞的大鹏，如庄子于《逍遥游》中所言，鹏之奋翼，“水击三千里”，寓意吉祥。鹏之躯干——中轴线由门厅、轿厅、正厅、后堂、转盘楼、后花园组成；鹏之两翼——东轴线由吟风轩、戏台、仓厅、对照厅、枇杷园、西式弹子房组成；西轴线则由传经楼、西花园组成。[①]另有藏书楼、东花园、后花园、西花园等。占地总面积21 000 平方米，现恢复12 000 平方米，修复建筑面积6000 余平方米。整组建筑气势雄伟，规模恢宏，体现了中西合璧的建筑风格。

薛福成故居是一处庭院式开放格局的官僚宅第，是近代民居建筑与江南造园艺术的和谐结合，其中轴线上每进厅堂之间，皆有庭院点缀，景色各异。宅内独立的后花园、西花园廊桥、楼阁、乔柯、山石和谐搭配，环境典雅灵秀；东花园的花厅、戏台更是自成院落，为一处难得的看戏观鱼、品茗娱乐之处，其水榭式戏台最具特色，国内罕见。薛福成故居之中景色如图4–51—图4–59所示。

薛福成故居钦使第规模宏大，内涵深厚，呈现出在传统基础上吸收西方文化的建筑风格和适合社会交往的园林式开放格局，是中国近代社会转型期的江南大型官僚宅第，有重要的历史价值、研究价值和旅游价值。

图 4–51　薛福成故居正门

① 沈科进，马融．无锡薛福成故居吉祥文化初探 [J]. 美与时代（上），2017（3）：44–46.

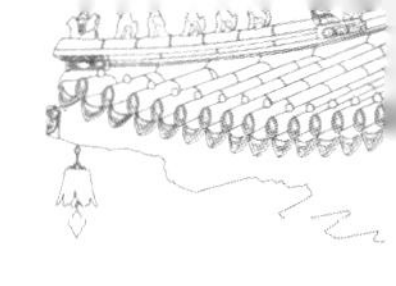

图 4-52 钦使第

图 4-53 小天井

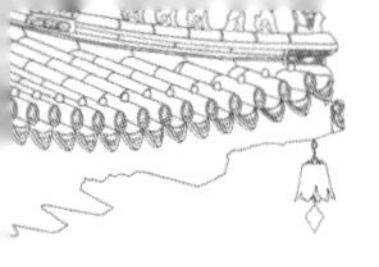

图 4–54　庭院小景观 1

图 4–55　庭院小景观 2

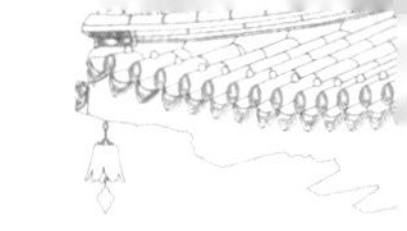

图 4-56　庭院小景观 3

图 4-57　庭院铺地

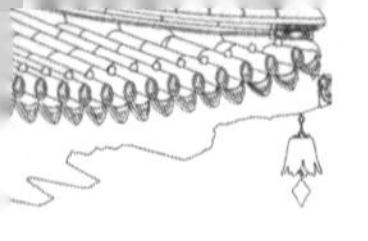

图 4–58 东花园戏台

图 4–59 后花园鸟瞰图[①]

① 佚名 . 江南第一豪宅——无锡薛福成故居 [国家 AAAA 级旅游景区][EB/OL].[2021–08–03]. http：//www.wxxjhy.cn/about/.

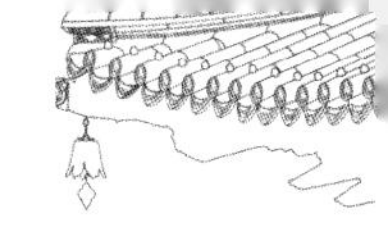

6. 常州私家园林——约园

约园位于江苏省常州市区（今市第二人民医院内），是明代官府的养鹿场所。清乾隆初年，为中丞谢旻别业，又称谢园。后赵翼之孙赵起[①]购得此园，修葺后改名约园，为“约略成园”之意。

约园最大的特色是奇石，赵起为每石题一峰名，成约园十二峰，即灵岩、绉碧、玉芙蓉、独秀、巫峡、仙人掌、昆山片影、玉屏、朵云、舞袖、驼峰和飞来一角。并建有石梁观渔、梅坞风清、小亭玩月、海棠春榭等二十四景。赵起又为每个景点写词一首，增添约园的诗情画意，因此名闻江南。

约园因得到园林大师戈裕良的指导，园内景色独特，闻名江南。园中花木扶疏，清流四环，不论是二十四景还是十二峰，都让人流连忘返。约园以叠石见长，以曲水闻名，一池秀水环绕山壑之间，用湖石、石笋堆砌的山峰突兀林中，踏进此园，大有栖身山林之感。

咸丰年间，约园因战乱付之一炬，园内建筑化为废墟，后又经修葺，稍复旧观。光绪末年，赵翼玄孙及孙媳徐小娴在废基上重修此园，使约园保留了部分模样。

民国初年，约园仍由赵氏后人管理。到民国二十年（1931年）后，武进县政府在这里设县立医院，解放后又改为常州工人医院、第二人民医院，至此，约园成为常州城内一方医术之地。赵家后人在1953年将约园送给了国家。

赵起后人赵庆臻珍藏着绢本国画《约园图》，赵景崇题记曰：“约园者，曾王父（即曾祖父）之别墅也，中具24景、12峰。咸丰庚申粤逆犯常，曾王父以忠义捐难，家属赴园池殉者三十九人。贼以是园为忠灵所凭，不敢居，乃爇以火。于是昔日花晨月夕之地、台榭竹木之胜，今尽属瓦砾之区、平芜之象矣……崇生甚晚，未见先人之亮节，比岁归来，惟睹故园之荒芜，迹以旧趾，而当日缀景尚可历历想象。爰补以图，庶他日鸠工缮治即可由是园以复旧观也。园历门而入，右有高阁曰：文昌阁。北有轩，绕以怪石，曰：革呈新馆。有亭曰：米拜亭。再北有广厦面东，前护石栏，曰：十二峰山房。再北有红梅百本，曰：梅坞风清。折而西有阁，植木樨，曰：阁袭天香。旁有石室曰：仙人洞。西有山曰：南山。有亭面山，曰：南山涌翠亭。有古松曰：山半松涛。山半有亭，即曰：听涛亭。再西有洲而环以水，即西园秋实处也。自梅坞风清逾石梁观渔为云溪水榭，西为竹圃，有桥以达南山。东为平台觞咏、莲渚招凉，后为陶庵。自平台南渡环桥，折短堤又南，循长廊中为海棠春榭，转而北，过曲桥览胜、平烟浮瑶，岛南为疏篱访菊、春生兰室。复

① 赵起（1794—1860），字于冈，常州人，清著名文史大家赵翼之孙，著名词人。

有室数楹，为当日书斋，近邻所从入之园门矣。”①

从题记中可以看出，这座已有数百年历史的园林已难见昔日辉煌。现在约园作为医院中的小游园，园中花木扶疏，清流回环，池中叠石成山，筑有石亭，池边罗列各种不同形态的奇石，并有曲桥与岸边相通，颇具泉石幽美之胜。有紫藤一株自怪石缝中蟠曲而上，仿佛翠盖。池面叠石为假山，有石亭、曲桥、蜿蜒可通，隐约可见当年约园的“约略成园”。1987年，约园成为了市级文物保护单位。

第三节　明清上海遗址私家园林——上海檀园

檀园位于上海市嘉定区南翔镇，建于明万历卅三年（1605年），为明代文人李流芳②的私家园林，因李流芳号檀园，故以此得名。清乾嘉时期著名学者钱大昕曰：“槎上多名园，以长蘅先生檀园为最。”檀园后毁于明清易代之际，2011年重建后对外开放。

檀园名字也来源于园内的两棵青檀树，其千百年来相伴而生，又名鸳鸯檀、千岁檀，是我国特有的单种属植物、国家二级保护稀有树种，已有1389 年的历史。大门上的“檀园”二字分别由康有为的弟子萧娴和书法家启功先生所题。

全园布局紧凑得体，以葫芦形水池居中，厅堂环立；洞壑婉转，曲廊贯通全园，体现了江南私家园林的特色，做到了廊随桥引、步移景换的园林效果，令人徜徉园内，如在画中。檀园设计采用层层遮挡、层层透析的方法，营造曲径通幽、若隐若现的视觉效果。以水景为中心，运用“一个中心，多边延伸”的格局，用高墙与城市中喧闹的市井隔开，将山水、建筑、植物等景观进行自然式空间分布，在有限的空间内充分发挥“小中见大”的艺术原理，营造出“咫尺山林，多方胜景”的园林格局（图4-60—图4-66）。

图 4-60　檀园

① 任阿弟．常州传统园林研究 [D]. 南京：南京农业大学，2012.

② 李流芳（1575—1629），字长蘅，一字茂宰，号檀园、香海、古怀堂、沧庵，晚号慎娱居士、六浮道人，南直隶徽州歙县（今安徽歙县）人，侨居嘉定（今上海嘉定），明代诗人、书画家。

园内有宝尊堂、次醉厅、山雨楼和芙蓉沜等景点，为其主人读书养母、吟诗作画、会朋晤友的重要场所，乃我国历史上著名的文人园，可惜毁损于“嘉定三屠”。

图 4-61　院内景观

图 4-62　建筑与水面

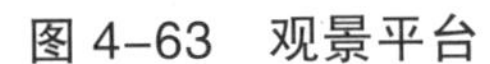

图 4-63　观景平台

图 4-64　琴书轩[①]

① 琴书轩，名字来自钱牧斋记述檀园“琴书萧闲，香茗浓烈”。

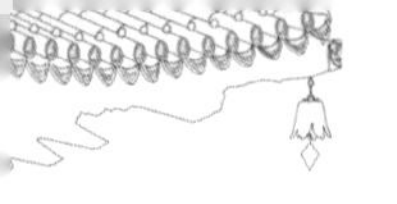

图 4–65 罛罛亭

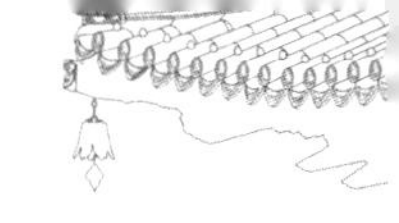

图 4-66　假山

明清江南
私家园林拾遗

05

第五章　沧海遗珠的私家园林

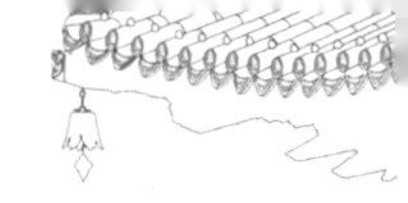

第一节　明清浙江遗落的私家园林

1. 枫桥小天竺

小天竺位于浙江省诸暨市枫桥镇紫薇山西麓，原为明代处士骆骖别墅，其子骆问礼（湖广按察使副使）重修。该别墅最大的特色是凿石为基，依山势而建，有多方胜景。其中，建有自有亭、见大亭、缵亭等建筑，以“见大亭”为最，亭前有碑廊，壁嵌有陈洪绶、祝枝山、文徵明、董其昌、王守仁等撰写的贴面，水池岩壁上，镌“海眼”与“忱流漱石”，为海瑞亲笔，“枫水名贤坊”内，陈列枫桥名人王冕、杨维桢、陈洪绶、何文庆、何颂华、何燮候等人的传略史迹。

1861年，太平天国起义，小天竺毁于兵火。20世纪80年代，政府拨款重修，现小天竺占地总面积约为2400 平方米，其中新添建筑面积380 平方米（不包括围墙、隔墙、山墙、假山、石阶、坎头、花坛、小桥、道路及路边坐凳、栏杆）。围墙、隔墙、山墙总长度为220 米。

1981年，小天竺被公布为县级文物保护单位，成为当地著名旅游景点（图5-1—图5-12）。

图 5-1　小天竺

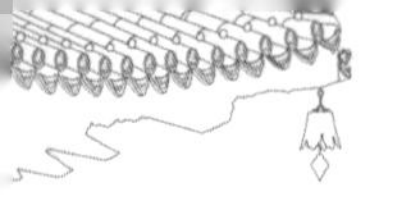

图 5-2 小天竺入口台阶

图 5-3 小天竺门前置石

图 5-4 小天竺“山光潭影”

图 5-5 小天竺“水天一色”

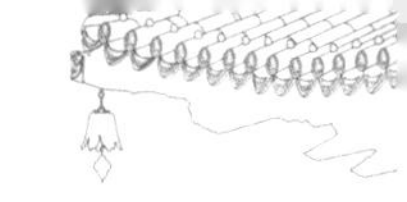

图 5-6　小天竺园门漏窗

图 5-7　小天竺庭院 1

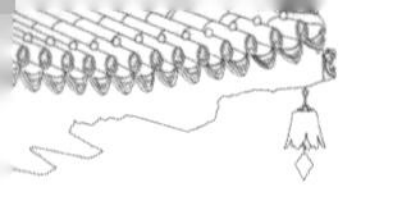

图 5-8 小天竺庭院 2

图 5-9 小天竺“海眼”

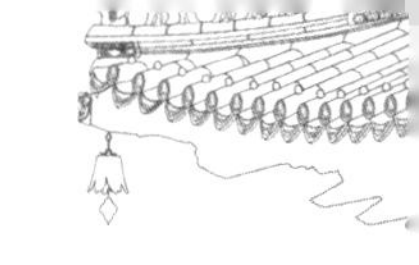

图 5-10　小天竺观景亭

图 5-11　小天竺石雕窗花

图 5-12　小天竺自然山石台阶

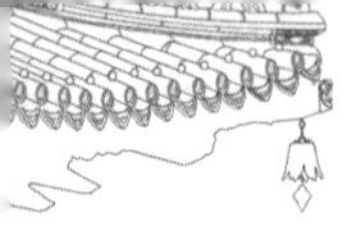

2. 南浔颖园

颖园位于浙江湖州南浔古镇，东栅的皇御河西岸，是晚清丝商陈煦元（原名陈熊）的私家园林。《南浔镇志》记载："同年（1874），丝商兼丝通事陈熊在皇御河建颖园，其子陈诗与湖州邱含章，石门沈焜，里人蒋锡纶、蒋锡礽、徐麟年、屠维屏等先后结江春吟社于园中。"①从记载中可以看出，颖园始建于1874年，而其现在基本保存了原有的建筑、布局，相对保存较好，现为颖园饭店的一部分，并于2003年被列为湖州市文物保护单位。

颖园属于宅第附属园林，位于住宅东侧，临近御河，取水方便。整个园子规模不大，只有2亩左右，北侧以水池为主要景点，建有楼榭等建筑，池边有假山，山上有亭，名曰梅石亭，亭子中有石碑，碑上刻有为清代著名书法家王礼的梅石图。东侧靠墙有假山，南侧以平地为主，较为空旷，建有中西合璧的玉香阁，因其东侧有几株高大的广玉兰而得名。该阁为砖瓦木结构，登楼可以饱览颖园景色。

颖园内古树名木较多，有百年以上的广玉兰、香椿及紫藤等树木。建筑沿水池而筑，太湖石假山堆叠有致，曲径通幽，古色古香。园中的雕刻也很精致，砖雕、石雕、木雕随处可见。（图5-13—图5-16）。

图 5-13　颖园

① 南浔镇志编纂委员会 . 南浔镇志 [M]. 上海：上海科学技术文献出版社，1995：12.

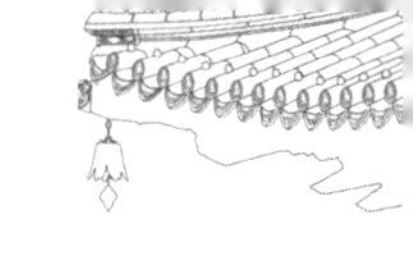

图 5-14　颖园假山

图 5-15　颖园曲桥

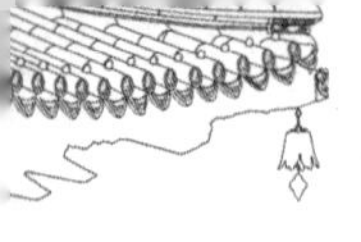

图 5–16 颖园古藤

3. 青藤书屋（绍兴）

青藤书屋位于浙江省绍兴市前观巷大乘弄10号，是中国明代文学家、艺术家徐渭的故居，是具有园林特色的中国传统民居建筑。《山阴县新志》载："青藤书屋，前明徐渭故宅。"青藤书屋也是"青藤画派"的发源地。清时曾有人对此地多次进行修缮维护，建国后当地政府又对青藤书屋进行了全面修葺，使其基本恢复了原貌。青藤书屋现为全国重点文物保护单位、绍兴市爱国主义教育基地（图5–17、图5–18）。

图 5–17 青藤书屋

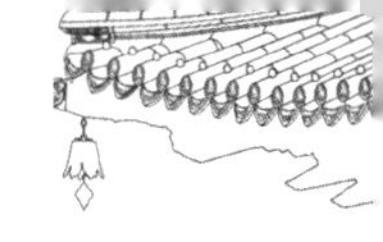

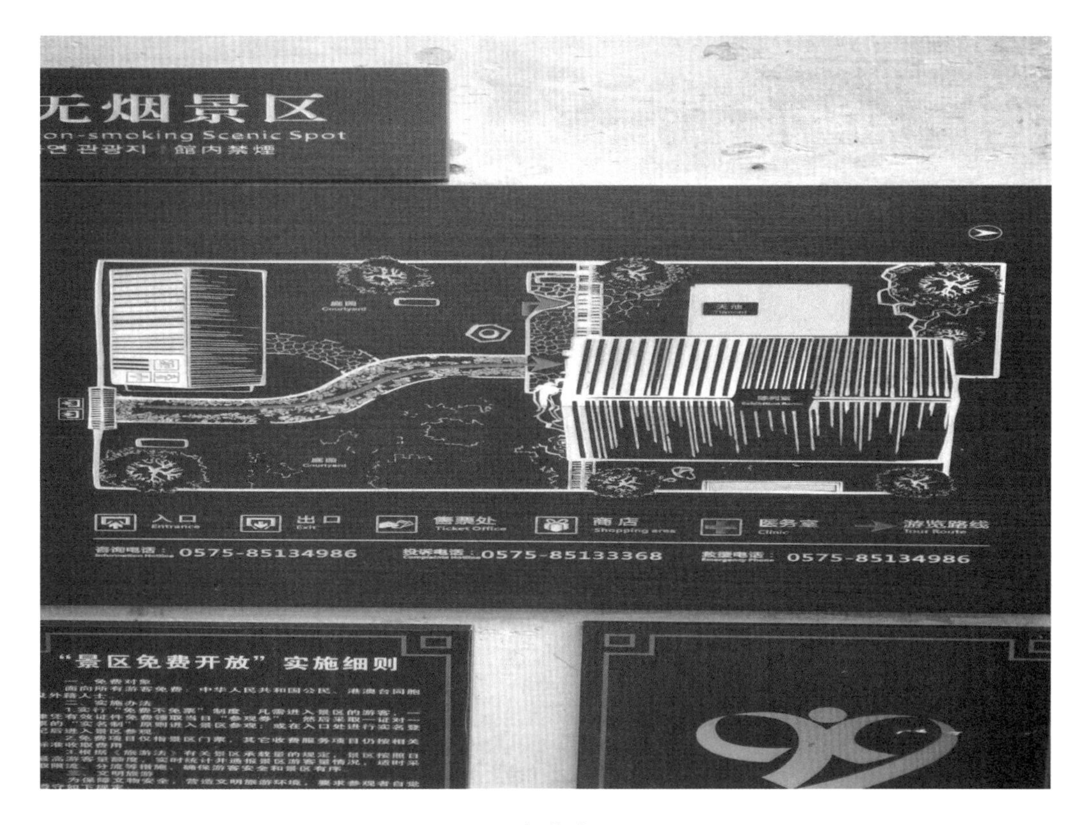

图 5-18　青藤书屋平面图

青藤书屋规模不大，是一处幽静的小园，书屋坐北朝南，整个院子四面高墙，东侧临街有门出入。入园是一个庭院，有假山石贴墙而筑，前栽植花木，景色清新自然，墙上有徐渭自题的“自在岩”三字。穿过庭院就到书屋，可见一排花格长窗依于青石窗槛上；屋子正中高挂着徐渭的画像、《青藤书屋图》及对联，以及陈洪绶手书“青藤书屋”匾；南窗上方悬挂着徐渭手书“一尘不到”木匾及“未必玄关别名教，须知书户孕江山”对联，下方长桌椅列文房四宝；东西两壁分别嵌有《陈氏重修青藤书屋记》及《天池山人自提五十岁小像》。书屋之后现辟为徐渭文物陈列室。书屋之南有一天井，里面有徐渭手植青藤一棵及一方水池，徐渭称：“此池通泉，深不可测，天旱不涸，若有神意”，因此又称其为天池。园门上刻有徐渭手书“天汉分源”四字。

青藤书屋淡雅清幽，质朴简洁，是绍兴现存的一处明代具有文人园林特色的建筑（图5-19—图5-21）。

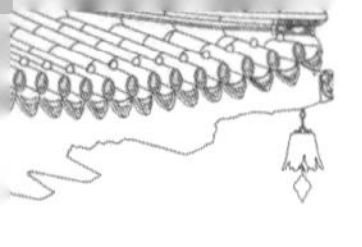

图 5-19　青藤书屋庭院“自在岩”

图 5-20　青藤书屋“天汉分源”

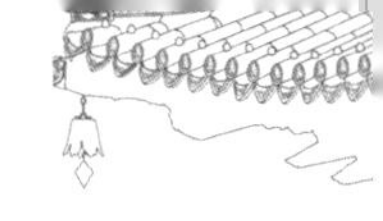

图 5-21　青藤书屋古树

4. 于谦故居（杭州）

于谦故居位于浙江省杭州市上城区清河坊高银街祠堂巷42号，这里乃于谦出生地。于谦冤案昭雪后，其故宅被改建为怜忠祠，表示对其纪念。为纪念于谦，政府对故居按照原貌修缮，并陈列于谦生平事迹，保留有旗杆石、造像碑等遗物。

于谦故居为传统的祠堂建筑，整组建筑以江南明代前期民间建筑风格设计，并注意与周围民居的协调关系。在仅有300多平方米的基址范围内，为充分利用空间，增加层次变化，设计并划分了几个空间院落，规划合理。此故居具有传统建筑的白墙灰瓦、朱漆大门。故居有三进院落，前厅、主建筑“忠肃堂”、后院。进门可以看见影壁上刻有于谦的名诗《石灰吟》：“千锤万凿出深山，烈火焚烧若等闲。粉骨碎身全不怕，要留清白在人间。”还有古井一口，一面靠墙，三面以栏杆围住。主建筑忠肃堂以前是故居的厅堂，细部做法主要参照明代江南民居手法，前后槽柱头施斗拱，为简洁的斗口跳，柱间以额枋联系；屋面铺小青瓦，正吻用南方常见的鳌鱼吻；忠肃堂不用彩画，一律单色涂刷。忠肃堂中现陈设于谦生平历史。忠肃堂门廊有一副对联：“吟石灰、赞石灰，一生清白胜石灰；重社稷、保社稷，百代罄击意社稷。”这也是于谦一生的写照。忠肃堂后面是个小园，有一池方塘，两个小亭：琴台、思贤亭。两亭相对而建。一池、两小亭，可一眼尽收。该小园是一个典型的江南小园林，一步一景，步移景异。于谦故居现状如图5-22—图5-32所示。

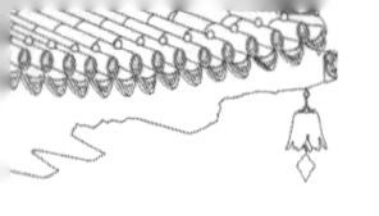

图 5–22 于谦故居

图 5–23 于谦故居入口天井

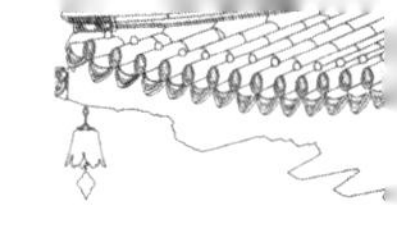

图 5-24　于谦故居庭院

图 5-25　于谦故居古井

图 5-26　于谦故居影壁

图 5-27　于谦故居内园入口园门

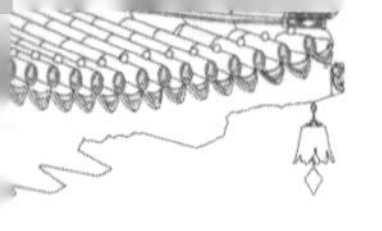

图 5-28　于谦故居琴台、水池

图 5-29　于谦故居琴台水中倒影

图 5-30　于谦故居琴台观景

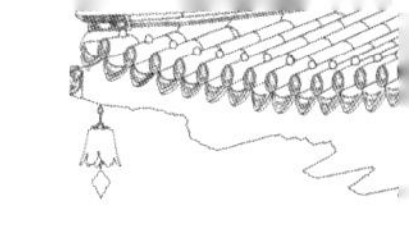

图 5-31　于谦故居庭院置石

图 5-32 于谦故居思贤亭

5. 邹家花园（绍兴）

邹家花园，位于绍兴越城区若耶溪28号，占地约500平方米，是越城区目前保存相对完好的清代私家园林。2002年，邹家花园被公布为绍兴市文物保护单位。

邹家花园是典型的江南古典园林，园中布局小巧精致，以小见大。有廊、有榭，山水相映，花木点缀。庭院被墙分割为两个空间，内园和外园通过廊、桥、榭相连，曲径通幽，内外建筑相互呼应。

邹家花园是越城区精致而有代表性的一处民居清代私家花园，无论是设计、做工，还是花木山石的选取，都极具艺术性。没有修复之前，邹家花园破旧不堪，建筑木结构的许多承重部位都已腐朽严重。如今，经过悉心修缮后的邹家花园散发出了昔日的光彩。

第二节　明清江苏遗落的私家园林

1. 古松园

古松园位于苏州市吴中区木渎古镇山塘街，为清末木渎富翁蔡少渔[①]所建，由园中的一棵明代古松而得名。古松园是一处典型的清代宅第园林，为前宅后园的建筑布局，所有建筑古朴典雅，雕刻精美，具有一定的艺术和文化价值，现为江苏省文物保护单位。

从门厅入园，砖雕门楼，背面雕有“明德惟馨”四个字，门楼刻有人物故事，形神有致。过小院，可见古松堂，堂方椽上刻有八只琵琶，比喻“八音联欢”。过古松堂，到凤凰楼，即东山雕花楼作者赵子康的前期作品，该建筑的雕刻艺术与东山雕花楼如出一辙。楼上下栏杆雕有精致的木雕，图案有白象献瑞、雄狮踏云等。进入后花园，主体建筑是水榭，后与楼连接，左右有回廊。水榭前面是水池，水池后面有湖石假山，山、水、建筑自然地连在一起。以水池为中心，廊架分布两侧，池岸有湖石堆砌，曲折蜿蜒，藤蔓阶草丛生，自然有趣。池中有曲桥，在最窄处把水池一分为二。

纵观全园，置身廊内，既可近览古松翠色，又可远眺灵岩山景。水池居中，建筑主次分明，复廊联系有序。湖石假山、亭榭回廊依水而设，其建筑倒影与天光云影交织在一起，理水之法与风水相符，且水榭之前有曲桥实属少见的设计，但正因

① 蔡少渔祖籍洞庭西山，原在上海做洋货生意，发达后回乡造屋置地，有良田万顷。蔡少渔与严国馨（严家淦祖父）、郑龄九、徐凤楼三家合称木渎“四大富翁”，富甲一方。

如此，景物越发风致可人，正应了杜甫“名园依绿水”的诗意画境。

2. 彩衣堂柏园

彩衣堂位于江苏省常熟市虞山镇翁家巷2号，是清同治、光绪二帝师傅、户部尚书翁同龢故居，故又称翁氏故居。因正厅彩衣堂是其主要建筑，故也以其来指代整个建筑群。故居是规模较大的古代宅第，始建于明弘治年间，为常熟桑氏的住宅，后几经易主。清道光年间（1821—1850年）体仁阁大学士翁心存①（翁同龢之父）购买此宅，更名为彩衣堂。

故居中有柏古轩，在思永堂后第七进，庭中原植古柏一株，故以庭院亦称“柏园”（图5-37）。

园主体建筑是柏古轩，还有年代久远的假山，都是明代遗留，现经修复，已一并开放供游客游览。柏古轩的门面比较新，内部结构还是明代的特征，假山上葱郁的树荫，地面上古旧的铺砖，仿佛都在证明这园子的历史悠久。（图5-38—图5-44）

图 5-38 彩衣堂匾额

① 翁心存（1791—1862），字二铭，号邃庵，江苏常熟人，晚清著名政治家翁同龢之父。清道光二年（1822年）进士，官至体仁阁大学士，卒赠太保，入祀贤良祠，谥文端。

图 5-39　彩衣堂柏园

图 5-40　彩衣堂柏园园门

图 5-41　彩衣堂柏园一角

图 5-42　彩衣堂柏古轩

图 5-43　彩衣堂柏园铺地

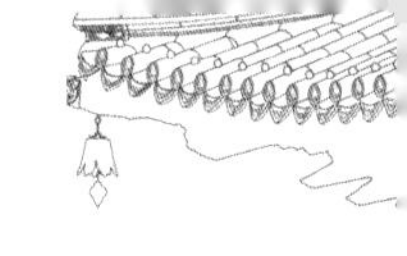

图 5-44 彩衣堂柏园假山

3. 仁本堂（西山雕花楼）

仁本堂位于苏州太湖东南部洞庭西山脚下堂里村河西巷，是一处明式清建的古建筑群，是徐氏后裔徐洽堂、徐赞尧在康熙年间建造的祖屋地基上扩建的住宅，又称徐家老宅。道光元年（1821年）正厅竣工，取名“仁本堂”，取自“以仁为本”。因其古建筑雕刻数量多，俗称为“西山雕花楼”。

这座深藏于古村中的老宅，最让人惊叹的是放眼望去满目精美的雕刻作品。据统计，在仁本堂中，砖雕、石雕、木雕等有3000余件，且无一雷同，可以说是雕花艺术的博物馆。

入门后可以看见开阔的庭院，亭台曲桥，参差相接，湖石假山，鸟语花香，俨然一幅江南山水画。过中庭，对面是一片建筑群。建筑是雕梁画栋，处处是各种栩栩如生的雕刻图案，墙体、门楼等凡是有砖的地方都布满了秀逸精美的砖雕，其雕刻内容有花鸟虫鱼、人物典故等。雕刻手法多样，如浮雕、镂空雕、控体雕等。

整个建筑集康熙、乾隆、道光、咸丰四个年代的建筑风格于一身，反映了清代江南建筑雕刻艺术的传承演变。苏州的三座雕花楼中，仁本堂是保存最完整、历史最为悠久的一座。

“西山雕花楼”在苏州园林中颇具特色，因为其既具备了园林该有的要素，又处处精雕细琢，凭着砖雕、木雕、石雕等巧夺天工的工艺，雕出了一朵和园林不太一样的花。仁本堂现状如图5-45—图5-56所示。

图 5-45　仁本堂

图 5-46　假山洞口

图 5-47　水景

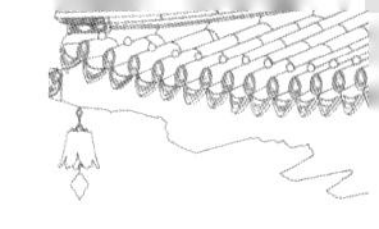

图 5-49 石踏步

图 5-48 吟月亭

图 5-50 天井假山置石

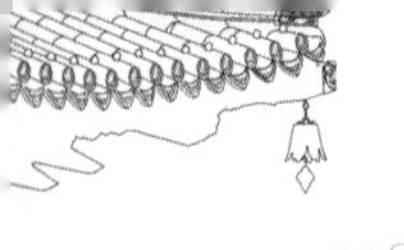

图 5-51　天井置石

图 5-52　置石

图 5-53　水与景石

图 5-54　建筑连廊

图 5-55　水中假山

图 5-56 铺地景观

4. 常熟之园

之园位于常熟市第一人民医院内，系清光绪间江西、浙江布政使翁曾桂[1]（翁同龢侄子）所建，俗称“翁家花园”，园内曲水回流如“之”字形，又称“九曲园”。

该园建筑得宜，小中见大。园内山水环绕，池架九曲石板桥，有更亭、台、舫、榭等景观。回廊映水，花木扶疏，别有佳趣。[2]如今的“之园”在两小岛之上，从一平板桥即可进入园中，有面阔三间的高大建筑“挹爽轩”，后半部立于水中，前与水榭成对景。有对联曰“世上几百年旧家无非积德，天下第一件好事还是读书”。之园现状如图5-57—图5-62所示。

① 翁曾桂，字筱珊，苏州常熟人。大学士翁心存孙，安徽巡抚翁同书三子，二代帝师翁同龢侄，官至浙江布政使。

② 魏嘉瓒．苏州历代园林录 [M]. 北京：燕山出版社，1992.

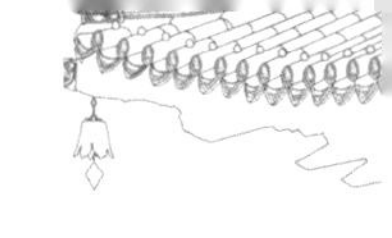

图 5–57　之园

图 5–58　园路

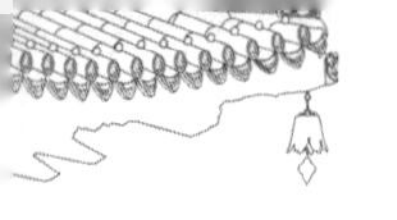

图 5-59　水榭

图 5-60　假山

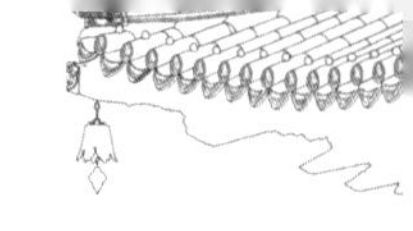

图 5-61　桥

5. 无锡潜庐（留耕草堂）

“潜庐”[①]位于无锡惠山脚下上河塘20号，是由杨延俊建于晚清，后为其子杨艺芳的别墅园林，是清末无锡优秀别墅园林之一。全园占地面积约1400 平方米，是一座小而精致的庭院，为杨艺芳退隐时扩建并命名。

该别墅后改为祠堂，现祠堂已毁，有潜庐、留耕草堂、丛桂轩3个厅堂。园中有假山、曲池、茂树以及楼、堂、轩、廊、亭、榭，回廊巧构，错落有致，景色宜人，是清代别墅园林中的佳品。其现状如图5-63—图5-68所示。

图 5-62　廊

① 园名出自《易经》“潜龙勿用”典故。

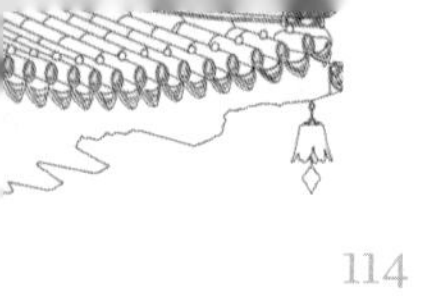

图 5-63　假山驳岸

图 5-64　水榭

图 5-65　廊

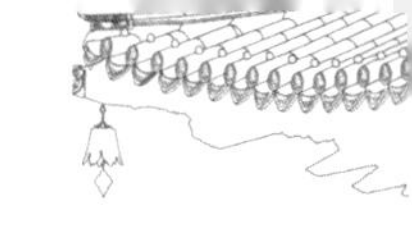

图 5-66　假山门洞

图 5-67　廊亭

图 5–68　庭院水池

第三节　明清上海遗落的私家园林——上海颐园

颐园位于松江区松汇西路1172号，上海市第四社会福利院内，是松江二十四景之一，建于明代万历年间（1573—1619年），为罗氏私家园林，因先后数易其主，又有因而园、怡园、罗氏园等别名，是上海市级文物保护单位。园内遗留明代原物和建筑较多，实为少见。

颐园是上海现存最小的古代园林，占地仅两亩左右。园林以南北为轴线，园门为月洞门，东墙为青瓦白墙，墙上有漏窗，八角形，有四时图案。主体建筑有二层戏台，有关专家认为是明代建筑。戏楼南面有一小院，小院的三面围墙上有长方形砖花漏窗，地面用鹅卵石铺成了梅花、梅叶的图案。戏楼北面是水池，池岸曲折，池边有黄石假山，据说是造园大师张南垣亲手堆叠的。

颐园虽然面积很小，但造园要素俱全，咫尺山林，以小见大，融听戏、品茗、住园为一体。假山水池、亭台楼阁、小桥流水、花木盆景，景色各异，游走其间，凭栏观鱼，其乐融融。①

① 宋建勋．自是林泉多蕴藉：园林卷 [M]. 北京：北京工业大学出版社，2013.

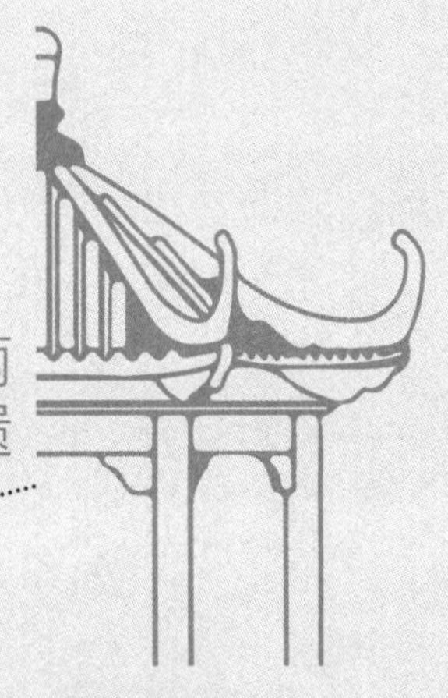

明清江南
私家园林拾遗

06

第六章　朴实无华的民居园林

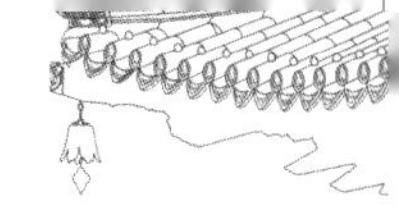

第一节　浙江民居园林

1. 蔡宅玉树堂

玉树堂位于浙江省东阳市蔡宅，建于清代中叶，为仿金华驿站形制构造。临正大街大门八字形，进门二米余设二重门，古代说“大门不出二，二门不迈”，指的就是这种建筑。入门院内有两座围墙，将天井一分为三，俗称“上下厢”，围墙中间开圆洞门，把正厅天井与“上下厢”天井连在一起。围墙上设有花窗，两墙之间的院落中摆放盆景、种植树木。地面采用鹅卵石铺地，依稀可见鹅卵石摆成的图案。虽然没有奢华的装饰，倒也显得朴素、实用、简洁。在民居庭院之中，应该是属于相对比较有特色的。这座建筑，被许多建筑学家赞为“中西合璧、独具匠心”[①]。2010年，玉树堂被列为东阳市文物保护点。玉树堂现状如图6-1—图6-5所示。

图 6-1　园门

① 吴旭华．蔡宅，古建筑保护成“公共课”[M/OL]．东阳日报，2013-06-05（2021-08-03）．http：//dyrb.zjol.com.cn/html/2013-06/05/content_655253.htm.

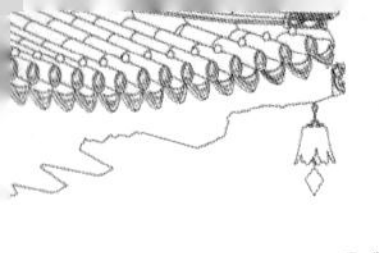

图 6-2 庭院一角

图 6-3 漏窗

图 6-4　庭院铺地

图 6-5　庭院植物

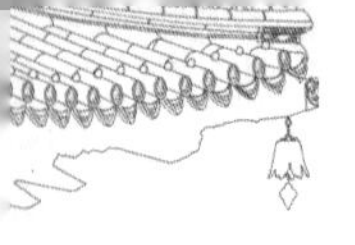

2. 和园（长乐古村）

和园位于浙江省兰溪市诸葛镇长乐古村，曾为长乐金氏药商大宅的后花园。据《明史》及明万历《金华府志》记载，元至正十八年（1358年），朱元璋率军攻婺州，两个月没有攻下，驻扎于上坑庄（长乐村旧名）。朱元璋见当地民风淳朴，百姓乐居安业，赞叹曰："此实常乐之村也！"后改名为常乐村，慢慢演化为长乐村。

和园内景观朴素，布置简洁。种植花木，铺设园路，有一方池（图6-6—图6-11）。整体布局也是具备传统园林要素，有虚实变化，属于民居园林中的一种类型。

图 6-6　和园方池

图 6-7　铺地

图 6-8　园路

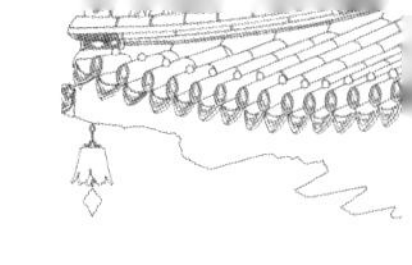

图 6–9　天井

图 6–10　庭院植物

图 6–11　置石

3. 马寅初故居

马寅初故居位于浙江省嵊州市浦口街道名人街74号，为清光绪年间马寅初的父亲马棣生所建造。该民居建筑具有传统特色，是近现代重要历史遗迹及代表性建筑。

2000年下半年，当地地方政府投入大量资金修复马寅初故居，基本按照原样修缮，内部也按原样保留家具。现如今，此地已成为开展爱国主义教育和廉政教育的重要基地。

图 6–12　马寅初故居

2006年5月，此地被国务院公布为第六批全国重点文物保护单位。2007年，马寅初故居文物管理保护所成立。

嵊州马寅初故居是典型的晚清时期江南传统民居建筑。该民居共三进，两层楼房，白墙青瓦，为硬山顶建筑。院中卵石铺地，建有花台、盆栽等基本园林要素（图6-13，图6-15）。

图 6-13 庭院一角，树池花坛

第二节 江苏民居园林

1. 南京李香君故居

李香君故居位于南京市秦淮区钞库街38号，又称媚香楼，是明末清初著名的歌舞名妓、“秦淮八艳”之首——李香君的住宅。其是秦淮河畔一座传统两层高的砖木结构民居，为三进两院式明清河房建筑，全面展现了李香君当时生活的场景。其中，媚香楼后来成为省级文物保护单位。媚香楼正门两侧有一副对联：“花容兼玉质，侠骨共冰心”，媚香楼及其保留完整的河厅、古水门，是十里秦淮两岸唯一保存下来的明清时期古建筑。院落中山石花台、粉墙黛瓦（图6-16、图6-17），木雕做工精良、雕刻精美，是研究古代建筑、民俗及社会生活的珍贵实物资料，具有较高的观赏和研究价值。

图 6-14 庭院铺地

媚香楼是文人雅士和正直忠耿之人与李香君“舞低杨柳楼心月，歌尽桃花扇底风”的场所，也是李香君生活起居之地，现存闺房、书房、客厅、琴房，迄今已有三百多年的历史。媚香楼的河厅也是颇有代表性的建筑，厅内雕梁画栋、手法细腻、形象生动，

图 6-15 庭院盆栽铁树

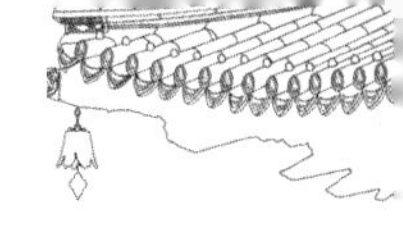

具有强烈的民俗文化气息。[①]

图 6–16　庭院一角：山石花台

图 6–17　庭院小景：芭蕉

2. 赵海仙洋楼（兴化县，盂园）

赵海仙[②]洋楼位于兴化市区东城外家舒巷16号，建于晚清，是一座中式为主的清代园林，主楼为仿欧式建筑，被当地人称为“洋楼”。此地也是兴化赵姓三代[③]名医在当地开设的问诊施药场所。赵海仙洋楼又名盂园，因赵海仙祖籍高邮，而高邮又被称为盂城，赵海仙有恋乡情结，故称其居所为盂园。

图 6–18　盂园

从赵海仙故居门楼进入，穿过天井，可以看到一堵高大的青砖屏风式花墙，设有一圆门，门上嵌有“盂园”石额。入园内是一片阔大的天井，地面以鹅卵石铺地，正中有荷花池，池周边

① 王慧芬 . 江苏博物馆指南 [M]. 南京：南京出版社，2005.

② 赵海仙，名履鳌（1830—1904），海仙为其字。晚清出生于兴化中医世家。致力于医学研究，著有《霍乱辩证》《阴阳五行论》等医籍，收入国家医药辞典，赵海仙也成为我国清代 20 位名中医之一。

③ 赵术堂、赵春普和赵履鳌。

垒以形似龙、狮的假山，其形状如“盂”，主峰两侧各有山洞。过山洞南去为长方形的水池，池上有名为“长寿桥”的小木桥，小巧精致。

盂园正北边为一座3 层的仿欧式的洋楼。该楼中西合璧，以欧式设计元素加上中国传统建筑的青砖黛瓦、四围回廊、雕花栏杆，形成层层环抱的空间。东侧向南，有廊连接凉亭。

解放后，国家将赵海仙洋楼收归国有，并进行全面修缮，在复原赵海仙故居陈列的同时，建成兴化中医药博物馆，设立了兴化当代名中医专家门诊，常年对外开放应诊。赵海仙洋楼现已成为江苏省中医药文化教育基地。赵海仙洋楼目前不仅是兴化文化旅游景点，还是人们敬仰先贤、展现兴化优秀传统中医药文化、接受中医药文化教育和求医问药的重要场所。1986年，兴化县人民政府公布其为文物保护单位。赵海仙洋楼现状如图6–18—图6–24所示。

图 6–19 卵石铺地 1

图 6-20　古藤

图 6-21　小桥

图 6-23　庭院一角

图 6-22　假山

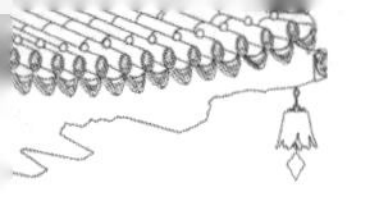

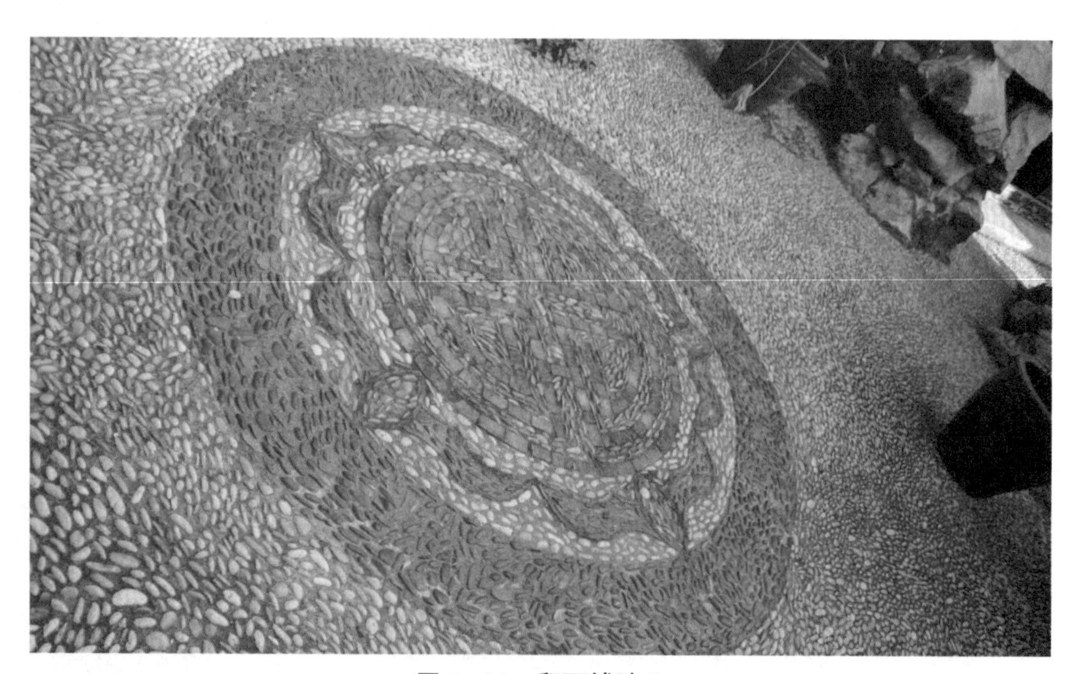

图 6-24　卵石铺地 2

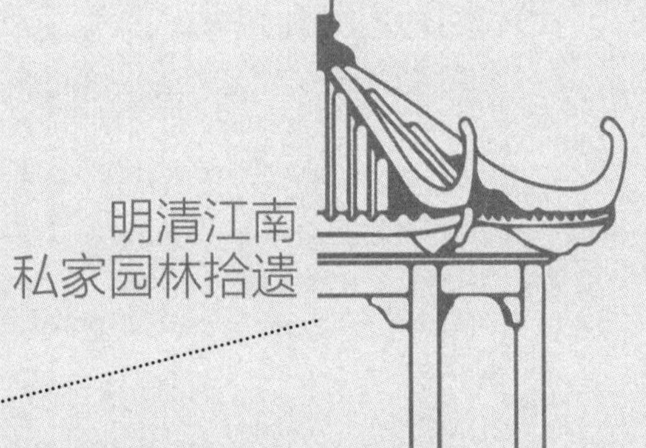

07

第七章　技艺结合的细部构造

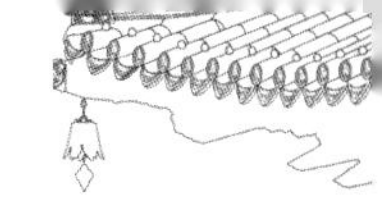

第一节 园林细部蕴含了深厚的文化思想

一、农耕文化

“农，天下之大本也。”[①]我国深厚的农耕文化就是在长期的农业生产活动中孕育出来的，具象性、经验性、直观性的先民思维痕迹作为中华民族的一种特征，在中国艺术思维中不断发挥着农耕文化的独有审美功能。

园林是人们创造的供居住和生活的空间，中国古典园林是一种理想的栖居环境，担负着古人的精神性审美功能。作为文化整合的载体，中国古典园林其价值是难以估计的，其创造了物质与精神并重的生存空间，形成了人类社会共有的双重财富。作为中华民族在农耕文明时代探索人与自然和谐共处之道的产物，中国古典园林的内涵深处蕴含着农耕文化师法自然、顺应天时的本质。[②]

人类脱离蛮荒之境、进入文明社会之后，就逐步定居下来，慢慢地出现了聚集性居住空间，园林就始于这个时期。中国最早的桑林园林出现在夏代以前，是人与自然联系的公共性园林，也是精神寄居的场所，它诞生于农耕文明起源时期，兼有祭祀、公共活动的作用，这也是中国古典园林的起源。由于中国自古以来就是农业社会的性质，历史上各个朝代都以农为本，在皇家园林里也可以发现农耕文化的踪迹。商、周、秦、汉是中国园林的生成期，此时的造园主力是封建贵族，此时的园林兼具生产、祭祀、狩猎的功能，如汉武帝时期的长安上林苑，其中有果园、蔬圃、田地等大量农业景观，为宫廷提供生活物资。唐宋时期园林有了进一步发展，园林的功能以游赏为主，而具有生产性质的农业景观在皇家园林中依然存在，如宋朝艮岳中有模仿村落景象的西庄，其间种有禾、麻、麦等农业作物，呈现出和谐自然的田园景象。明清时期园林发展成熟，在该时期的皇家园林中，建有先农坛、观耕台、先蚕坛等祭祀先农的场所，如圆明园中的北远山村、武陵春色等仿效田园村落风光的景点，这些都是封建统治者重视农桑的实体物证。私家园林中归隐田园是永恒不变的主题，表达了士大夫阶层对于田园自然生活的向往，不管文官还是武将，归隐的最终愿望还是回归田园生活。

农耕文化深刻地烙在中国古典园林的皇家园林、私家园林之中，不论是帝王之

①《汉书·文帝纪》言：“农，天下之大本也。”

② 郭思云．农耕文化下的湘西土家族民居建筑装饰研究 [D]. 株洲湖南工业大学，2014.

家，还是平民百姓，在生活中都无法脱离农耕经济的影响，可以说，农耕文化奠定了中国古典园林发展的基调。

二、传统哲学

（一）儒家思想

儒家思想一直被推崇为正统学派，孔子的儒家思想是在混乱的秩序中建立“修身、齐家、平天下”的理念。但是，儒家文化中也有对自然的描述，如“仁者乐山，智者乐水”的论断，利用自然的现象表达哲学思想，是对社会生活的概括，或者行为伦理学的阐述。这样的哲学思想在中国传统园林中也能找到它的存在。在中国园林的细部构造上也同样体现着这一思想。因为历史上的士大夫基本都是儒学的继承者，他们学习儒家知识，不是政治家但又把儒家君臣关系看得很重，时刻不会忘怀忠君的理念，可是他们的政治抱负却无法实现，因为统治者一直认为那些都是文人的幻想。所以，大部分文人往往难以被重用，往往郁郁不得志，致辞官归隐，回归故里，这几乎成了文人的一种模式。然而他们又不是真正的隐士，只是因现实的无奈不得不做出这样的举措，仍然梦想着有朝一日被皇帝重用，这才是隐士的本质。从江南私家园林的匾额、楹联等内容就可以看出造园者的真实想法。寄情于物正是这种情况下的产物，其利用园林要素表达自己的社会情感，借物言志，从而导致传统园林中饱含深厚的社会意义。比如，在私家园林中的木雕、砖雕、石雕图案中可以经常看到圣君贤臣、烈女孝子、三纲五常等历史典故的雕刻图案，这些图案均体现了儒家思想对园林细部构造的深刻影响。

（二）道家思想

中国传统园林中的树木花卉都是按照自然的植物配置形式，很少有规整的行道树、修剪整齐的绿篱、造型精美的花坛以及大面积的草坪景观。植物配置多采用三五成丛的单数植株栽植形式，或集中，或散漫，或散聚结合，自然地组合在假山、水池、置石等造园要素之间，颇具野趣，形成自然的旖旎风光。包括私家园林中的住宅也是按照因地制宜的方式进行建造，依山而建，绕水而居，高低错落，蜿蜒曲折，打造出独特的自然情趣。而道家的“道法自然”的哲学思想就体现在这些园林之中，和西方的规则式园林截然不同，中国古典园林中所有的造园要素都体现了自然精神或人为自然。纵观明清时期的江南私家园林可以发现，其中的假山、水池、植物以及建筑等造景要素都具有在环境中的特殊意义，绝不是造景要素在数量上的堆砌，而是利用设计美学加上人工和场景的关系构建出自然的且有序的空间秩序，通过合理地展现园林的使用功能和审美功能，用恰当的布局和色彩的搭配以及

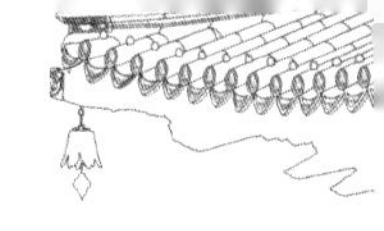

建筑材料的组合，实现“道法自然”的境界。①

（三）佛教思想

东汉时期佛教传入我国，历经魏晋南北朝不断发扬光大。美学是园林与佛教的关系纽带。佛教美学的兴起，把审美和艺术融入到了园林创作中，并使其在园林细部中得到完美体现。佛教认为世间万物的因缘关系都是佛法或本心的幻化，这也为有限的园林自然山水提供了审美的无限可能，打破了小自然与大自然的界限。所以使园林空间形成以小见大、咫尺山林的效果。文人园林充满了禅趣，形成小空间、大意境的空间格局。这样的设计理念和创作手法在古典园林中随处可见，应用较为广泛。佛教的思想观点认为，限定的范围越小，反而给人的想象空间就越大，可以做到以少胜多；只要简单到极致，就可以实现足够大的空间供使用者或游玩者去思考和揣摩其中的意境。②

三、传统民俗

中国人民创造了众多的民间文化和艺术，这既是我们民族的历史，也是全世界的文化财富。特色民俗是我国每个民族的传统，可以说，中国的国家民俗在丰富程度上，世界上很少有国家能超过。不同的民族或者不同区域的审美追求是可以从当地的不同侧面、不同角度的民俗民风中真实反映出来的。中华民族是一个勤劳勇敢的民族，平民老百姓从现实生活出发，在辛勤的农业生产和生活中，用实用的态度去审视身边的一切，在这个基础上进行的一切文学艺术创造活动的目的都是希望自己幸福。所以古人在造园时都有一个美好愿望，就是希望吉祥如意，这是中华传统文化的体现，也是人们追求幸福生活、创造美好生活的外在表现。在造园规划之时，非常注重地理位置的选择，因为古人特别注重风水。风水思想是建立在中国传统的哲学辩证唯物主义、地理批判主义基础之上的，是人民对美好生活的愿景。风水理论中蕴含着众多的吉祥文化，这也是人民在建造园林时所要追求的精神。韩国学者尹弘基博士认为：“风水是为找寻建筑物吉祥地点的景观评价系统，它是中国古代地理选址布局的艺术。”③明清时期江南私家园林的正门开在东南方向的最多，如网师园、拙政园等的正门都是面向东南方向开的。在风水学理论中，东南门被誉为“青龙门”，有财源滚滚而入的寓意。为避免“气冲”，在园林的入口处会

① 郑皓，申世广，范凌云．试析中国古典园林艺术中的哲学源流 [J]. 苏州城市建设环境保护学院学报：社会科学版，2002（2）：19–23.

② 郑弘宇．中国园林艺术与中国传统文化 [J]. 中国民族博览，2015（22）：190–191.

③ 王鹏成，郑国璋，葛鑫鑫．基于地理学角度的风水科学性探究 [J]. 安徽农业科学，2016（4）：212–215.

设置屏墙，且不封闭，主要是保持“气畅”。而在植物栽种组合上古人更加讲究吉祥如意。“玉、堂、春、富、贵”就是这种心理在古典园林中的表现。例如，苏州网师园轿厅“清能早达”后的“万卷堂”前有一方小庭院，庭院中天井东、西各植玉兰，而“撷秀楼”东植金桂、西植银桂，合金玉满堂之意；又如颐和园乐寿堂，前后庭院遍植玉兰、海棠和牡丹；苏州狮子林燕誉堂庭院置有花台、石笋、牡丹丛植，并夹峙两株木兰。另外，在文字的发音、谐音、色彩等方面也要做到寓意吉利，如“橘”与“吉”谐音，于是橘就有了富贵吉祥的意思，在古典园林中种植较多。南方住宅前后所植树木按照“前榉后朴”的栽植形式，“榉”即寓意中举，“朴”即暗示仆人。中举人即是荣华富贵的开始，就需要有仆人来伺候。在古代，人们燃烧竹子，发出声响，祛除所谓的瘟神，后沿用“爆竹”，认为这样可以驱邪，因此，就有了竹报平安的传统。植物栽植中也常用竹子和梅花组合，寓意为竹梅双喜。在雕刻图案中也常用喜鹊和梅花寓意“喜上眉梢”，或者用竹与梅表示“梅花送子，青竹送孙”的吉祥寓意。求吉避凶是全人类的共同天性，在古典园林中，这样的吉祥文化体现在园林细部之中，展现在生活的方方面面。在中国传统文化中，以“吉祥”为核心的文化体系特别突出，已经深深地根植于每个中国人的内心深处，渗透进百姓的日常生活中。[①]

第二节　园林细部融合了多种的艺术形式

江南古典私家园林中包含着丰富多彩的中国传统文化艺术。现存的古典私家园林是当时社会经济、历史发展的见证，也能够反映不同时期的历史文化背景、社会经济发展及兴衰和工程营建技术水平。同时，在园林当中明显地折射出造园者及当时社会上流阶层的自然观、人生观和价值观，以及传统艺术中琴、棋、书、画、诗等对它的影响。

一、古朴典雅的书法

在江南私家园林中，书法也是造园要素之一，主要体现在园林的建筑匾额、楹联以及碑刻、石刻之中，这些设计展示了书法之美。因为江南私家园林的游览者中文人众多，且造园者多为文人儒士，在园林中体现书法，也能增添古朴典雅的书香气息。通过人造自然，融入文化艺术，提升了景观内涵，成为景观点景之笔。书法

① 王军．农耕文化对古典园林的影响 [J]. 开封教育学院学报，2013（7）：273-274.

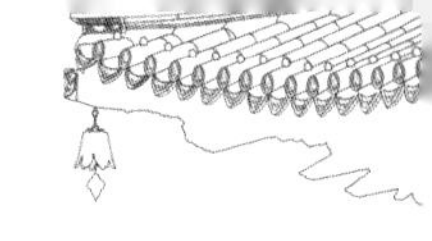

的融入不仅能使观者欣赏大师的书法作品，还能使其领悟园林造园意境，让书法、园林、文学融为一体，彰显中国传统艺术。

书法艺术在园林中主要以题咏的形式展现，在亭台楼阁中以匾额、楹联等形式增添园林艺术的可观性，提升了园林艺术的审美层次。私家园林中的书法作品主要放置于室内外的匾额、楹联、碑刻之中，如留园的书条石，可以说是苏州园林中最多的，也是最好的，这些书条石本身的观赏价值就很高，将其用在建筑墙面，增加了景观层次，这成为园林细部与书法结合的典型代表。[①]（见图7-1、图7-2）

图 7-1　乔园楹联

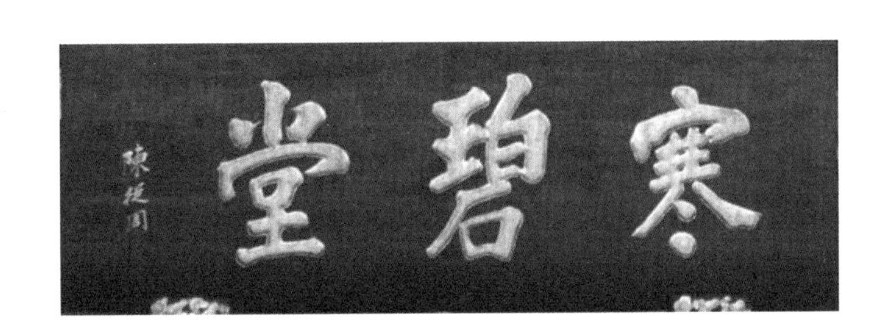

图 7-2　水绘园匾额

二、幽寂脱俗的绘画

中国园林与绘画是相辅相成的，可以说是寓画于园、寓园于画，或者说善画者善园，善园者善画。就像董其昌所说“公之园可画，而余家之画可园”，画与园都是艺术，是不可分开的。山水画是园林营造的规划图，而园林则是山水画所要实现的对象。两者都是把人类对自然环境的理想作为实施对象，再现人与自然的和谐统一、融洽亲和的关系，也都体现出道家的“天人合一”“道法自然”的自然观。中国造园或者绘画的自然观和西方的自然观具有明显的差别。东方自然观所具有的时代美学价值日益得到各国的重视和认同。刘敦桢认为园林是一个综合体，是多种艺术如假山、建筑、书法、绘画等综合组成的。陈从周老先生认为中国园林是建筑、

① 戴秋思，刘春茂．浅议中国园林艺术与书法艺术之文化关联——以苏州园林为例 [J]. 重庆建筑大学学报，2004，26（2）：27-31.

山水、花木组合而成的一个综合艺术品。在山水画和中国古典园林中都有共同的景观元素，而且都具有相似或者相同的自然风格特征，都有共同的审美观念、功能要求等，可以说，两者是利用不同的载体展现相同的艺术。

在明清时期，书画家参与造园的例子比比皆是，这也是园林进入鼎盛时期的特点之一。江南经济发达，文人众多，园林的建造大多由文人画家设计图纸，而且在长期的设计、施工的实践中总结出了精深的造园理论和精致的造园技法，这也让园林更加具有审美艺术和神韵。像计成、李渔等人，既是文人，也是艺术家，精通画艺，擅于造园。在园林的细部当中可以看到园主人所要寄托的思想，园林细部也是园主人的文化载体，满足园主人对美好生活的向往，因此在造园时应更多地表达园主人的生活方式，这也是计成所说的“三分匠人，七分主人”的道理。现存的江南私家园林基本都是品位高、有修养、有学识的文人所造，造园者运用自己的高素质、高技能，把书画美学思想与造园美进行融合渗透，使其互相促进，得到了共同的发展。

明清时期江南私家园林在设计上深受山水画思想的影响，追求幽寂脱俗、自然雅致，因此在色彩上就出现了独具特色的青砖黛瓦。江南园林明显地体现出淡雅、朴素、平静的色调，不管是苏州的拙政园、扬州的个园、无锡的寄畅园还是杭州的胡雪岩故居，都是幽静淡雅的江南园林，所用色彩清新淡雅，加上建筑的精巧别致，与白墙形成强烈的对比（图7-3）。造园者善于利用空间的虚实藏露，形成若隐若现的内外空间，这与泼墨写意山水画的色彩意境是一致的。

图 7-3　胡雪岩故居景墙壁画

从现有的中国绘画艺术和园林艺术来看，两者之间都包含了对大自然的敬畏与喜爱，都具有生态美和自然美的统一。其中的生态意识、环境意识等自然观，都让我们意识到人与自然的关系不仅是主体与客体关系，人还应要承担起对自然的责任，从而有意识地去规范行为、保护自然，并为合理地利用现代高科技手段去调节人与自然的关系提供精神指向和价值标准。[①]

---

① 王贵胜．山水画艺术精神的当代意义[J]. 现代艺术与设计，2006（9）：112-113.

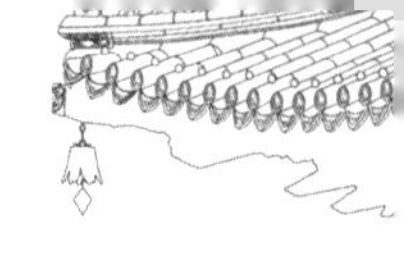

三、精美绝伦的雕刻

江南古典私家园林细部雕刻有精美和谐的木雕、砖雕、石雕，而且处处精巧、处处体现着技法的精湛。这些雕刻艺术在江南私家园林中起到画龙点睛的作用。其工艺特色明显，极具地方特色和文化风情。园林建筑中的木雕历史悠久，可以追溯到春秋战国时期。到了汉代，木雕工艺得到了进步，雕刻精良，分工较细。隋唐时期，由于经济发展，各地的木雕艺术得到普及，技艺得到提高。到了明清时期，木雕技艺在建筑、室内家具等领域的应用十分广泛。江南私家园林建筑中，木雕应用较多，多在木结构的建筑中，装饰用于建筑结构的梁、枋、雀替、牛腿、门罩、门楣、裙板、夹堂板等处，其用材有杉木、樟木、黄杨木、银杏木等。浙江、江苏、上海等地依然保留有雕刻精美的建筑，被称为雕花楼，并且不仅建筑雕刻精美，在家具方面也保留了很多雕工精细的桌、椅、凳、柜床以及屏风等木质雕刻家具。

石雕在园林中主要用于建筑的构建和装饰，选材多为花岗岩、大理石、叶蜡石、青石、砂石等天然石料，多采用圆雕、浮雕、透雕等技法。江南雨水多、潮湿，所以在建筑中用石料作为构建较多，再加上江南富足，文化昌盛，文人众多，建筑装饰奢华，致使雕刻技艺充分发展，久盛不衰。明清两代江南私家园林中的建筑装饰石雕尤其精致，如柱、枋、础、门楣、门枕、门槛、栏杆、阶石、地坪石、抱鼓石等等。

砖雕作为一种建筑构件装饰，在江南园林中也是独具一格的艺术品。利用青砖雕刻出人物典故、禽鸟虫鱼、奇珍异兽、树木花草、自然山水、书法等图案内容，丰富了装饰的载体，拓展了装饰材料。砖雕早期是宫廷建筑中的重要材料，素有“秦砖汉瓦”之称，这是因为秦汉之际砖雕的艺术发展达到鼎盛，有阳刻、浮雕等。后期的隋唐在宫廷建筑、墓志方面较为发达，到了宋代，墓砖就更为普遍。宋代以后，民间的砖雕艺术在建筑上的运用就很成熟。到了明清时期，砖雕发展得更为精美，尤其在门楼、照壁等处砖雕应用最多，雕刻的技法娴熟，内容寓意丰富，如上海豫园、南京瞻园、杭州郭庄等都有精美的砖雕装饰。砖雕的内容蕴含造园主人对未来的期望，以吉祥如意、忠孝仁义等为主，每块砖雕都风格秀丽、细致活泼，雕刻工艺精湛，有写实的风格和装饰的趣味。

明清时期，江南地区私家园林中的雕刻作品常见于门楼（图7-4）、柱础、石墩、抱鼓石、窗楹、栏柱、摆件饰品等，处处雕刻精美。不管是砖雕，还是石雕、木雕，在雕刻纹样、雕刻主题上，都是喜闻乐见的民间故事、避凶趋吉的图案，在几百年的历史冲刷后，仍然可以看到当年的繁华与精致，反映出中华传统文化的博大精深，以及人们对美的追求。而且所有的雕刻都具有美学、实用、教育等功能寓意，以多种艺术手法的组合，起到教化的作用，也把中国伦理道德融入艺术中，让人回味，体现东方美学的审美情感与道德伦理的融合，极具东方美学的神韵（图7–5）。[①]

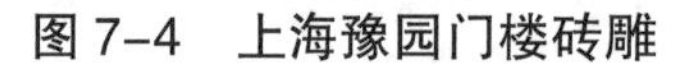

图 7–4 上海豫园门楼砖雕

图 7–5 上海豫园砖雕春耕图

第三节 园林细部覆盖了吉祥的装饰纹样

江南地区相对活跃的经济和数千年历史文化的积淀，形成了以私家庭院为载体平台、符号化的形态表现方式。这其中明确地反映出人、自然、社会三者之间的关系。其中，符号化的表现方式更多的是从人类原始思维模式的方向出发进行的具象表现。从宏观内涵来看，其表现的是人们对自然、美好生活的向往；从微观层面来看，细腻精雅的建筑风格影响下的江南庭院中的细部装饰表现出极具江南民间特色和地域风貌的装饰样式，尤其是细部装饰纹样，更具有人文思想、生活雅趣和对理想生活的表现。据笔者大量实地调研获得的各类资料，对江南庭院纹样按表现题材进行划分，主要可分为以下几类：

一、环境自然符号

老子《道德经》第二十五章曰："人法地，地法天，天法道，道法自然。"[②]中国古典园林多属自然山水风格，江南古典私家园林亦是。因为对自然的向往，庭院营造中设计者往往将观察到的环境优景表现在园林的雀替、格扇、花窗、屋顶结构

① 胡秀娟 . 江南古典园林细部研究 [D]. 南京：南京林业大学，2007.

② 老子 . 道德经全集：洞见真谛的为人之道 [M]. 苏州：古吴轩出版社，2013.

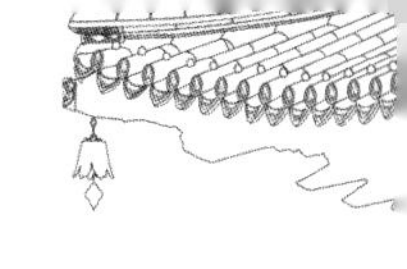

部件、地铺、栏杆等细部构件中。结合抽象与具象的表现形式，以及谐音、近义等手法，打造丰富的江南园林细部装饰。笔者将表现环境自然符号的纹样进行提取、分类、归纳，区分为远景符号表现、近景符号表现。

（一）远景符号

1. 自然天体符号

天体是在可观测宇宙中，经由科学确认其存在的物体或是结构，是各种星体和星际物质的通称。古代科技探索的局限性较大，肉眼观察便成为人们对天体运行的观察方式。明清时期的园林装饰，主要以日月、星辰等主要的自然天体符号为主，如庭院中常见的日月纹样（表7-1）。

表 7-1　自然天体符号寓意、形式及位置

自然天体符号	象征内涵、寓意	表现形式	常出现位置
日	象征太阳，绵长不断的富贵吉祥	卍字纹样、回旋纹样	地面铺装、古建筑门窗、吉祥寓意主题的空间构件等
月	象征月亮，框景，圆月寓意圆满，弯月寓意婉约、清新	弯月、圆月等装饰	洞门、门板雕饰、雅阁、书室局部装饰等

2. 远山远水符号

远景山水与近景山水表现不同，远景山水更加抽象，是从山水元素的轮廓和形态精简提炼、高度概括。

总体来说，远景符号非表现主题，所以装饰精度略显欠缺。

（二）近景符号

相对远景符号来讲，近景符号种类和数量更加丰富，主要分为以下三种：

1. 植物纹样

江南地区气候温润，植物种类繁多。在江南园林中，常见的植物种类高达数百种，常见的有梅花、荷花、石榴、牡丹、海棠、莲花等（表7-2）。

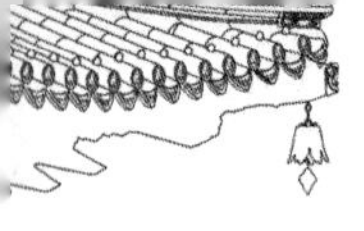

表 7-2 植物纹样、寓意及装饰部位

各类植物纹样符号名称		寓 意	常见装饰部位
花卉类	梅花	寓意梅开五福、优雅、高洁；常与冰裂纹、喜鹊、松竹搭配	漏窗、铺地、古建筑梁架中部
	荷花（莲花）	寓意高洁、清廉、雅致	古建筑书房装饰、庭院水景附近构件
	牡丹	寓意富贵吉祥，常与其他飞禽、小兽、花卉相配，组成各种吉祥纹样	庭院中各构件均常见该纹样
	海棠	寓意万物复苏、欣欣向荣的美好景象	漏窗、门窗、长窗、铺地
	葵花	寓意积极向上、太阳、忠诚	漏窗、栏板等
果实类	石榴	寓意多子多福、硕果累累	漏窗、门板
	柿子	寓意万事如意、心想事成	古建筑梁架结构、门窗板、栏板
	琵琶	寓意身心平安、多子多福	古建装饰构件

2. 动物纹样

人们常借用动物丰富的形态结合谐音、吉意来表示内心的向往。常见的动物题材纹样见表7-3。

表 7-3 动物纹样、寓意及装饰部位

各类动物纹样符号名称	寓意	常见装饰部位
麒麟	寓意太平盛世，早生贵子、家道繁荣	庭院栏杆栏板、古建筑重要装饰部件
龙	寓意神圣、吉祥、喜庆、崇高	体量较小的装饰部件，如雀替、格心、栏头等
蝙蝠	寓意幸福、富裕、长寿	铺地、山墙、家具、隔扇门等
喜鹊	寓意喜气临门、好运	栏板、古建筑装饰、门板、隔扇等
鹤	寓意高雅、长寿、神圣	古建筑书房构建装饰
鹿	寓意事业兴旺、富贵、长寿	亭廊装饰、古建筑牛腿及雀替装饰等
鱼	寓意家中产业兴盛、富贵、幸福、多子	铺地、古建筑各部位构件雕饰

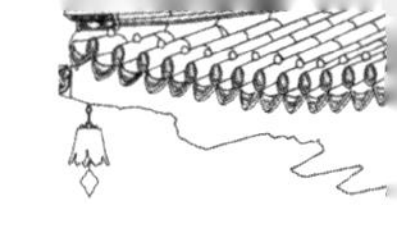

常取用的动物纹样为主题表现形式的谐音释义种类繁多。笔者统计并总结出常见的几种，如表7-4所示。

表 7-4　动物纹样释义

动物纹样	释　义
蝙蝠、福字	五福（蝠）捧寿
鹤、松树	松鹤长寿
鹿、鹤	六（鹿）合（鹤）同（桐）春
鱼	年年有余
麒麟、子女	麒麟送子
龙	双龙戏珠
凤	百鸟朝凤、凤戏牡丹
蝙蝠、鹿、神兽、喜鹊	福（蝠）禄（鹿）寿（兽）喜
鹿	鹿衔灵芝
狮	双狮戏球，官登太师（狮）
鸡	加官晋爵、年年大吉（鸡）
喜鹊、梅花	喜鹊登梅、喜上枝头

3. 人文精神层次纹样

（1）祈愿平安吉祥

人身安全、家宅兴旺是人们现实的夙愿，所以在装饰题材方面祈愿“平安吉祥”寓意的符号出现颇多。常见的如表7-5所示。

表 7-5　平安吉祥纹样及释义

祈　愿	释　义
人安 （平安喜乐、诸事顺利）	福禄寿喜、多子多福、富贵平安、加官晋爵、长寿、吉祥如意等
宅安 （家宅安宁、辟邪、吉祥）	八仙（含暗八仙）、八卦、太极、福寿双全、吉祥如意

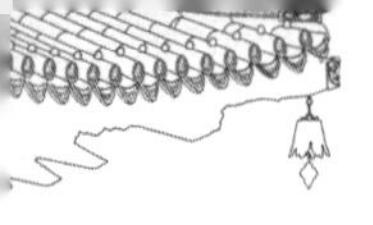

（2）人文情怀

江南地区文人雅士数量较多，以其为主导的庭院园林装饰在思想境界和人文情怀方面展现了其丰富的精神境界和文化素养。常见的装饰题材如表7–6所示。

表 7–6　常见的江南庭院装饰题材

内　含	示　例
儒家伦理	圣君贤臣、烈女孝子、三纲五常
戏文题材、历史典故	《西厢记》《琵琶行》《岳家军》《杨家将》《三国》《红楼梦》《穆桂英》等
风雅趣事	书卷、古琴、棋盘、画作、垂钓、荷莲、诗歌曲调
神话故事	八仙题材、刘海传说、牛郎织女
风俗人文	生活场景

总之，明清时期的江南古典私家园林装饰中纹样的应用种类广泛，深刻表达了当时社会从人文心理到社会形态诸多方面的精神状态，表达了人们对美好生活的向往，也展现出私家园林装饰艺术的深层内涵。

第四节　园林细部具有了高超的制作技艺

一、木作

（一）木作类园林细部概述

在古典园林建筑中，木结构应用较为广泛，其细部构造也占有非常重要的地位。木构件的功能较多，建筑中的木构件不仅具有承重受力作用，还具备分隔空间、室内采光、通风的功能。另一方面是作为细部的木构件还有装饰的艺术效果和美学作用。在园林建筑中，木结构分为室内和室外两部分，室内的装饰主要体现在建筑结构的隔扇、门窗、栏杆、挂落以及牛腿、雀替、斗拱等构建上，室外的主要是木质园林小品，如休息的坐凳等。

（二）木作工具和用料

（1）工具。建筑中木作的工具主要分为三类，一类是凿，有斜凿、正口凿、反

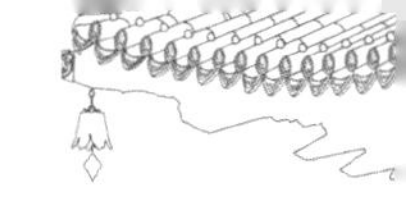

口凿、圆凿、翘、溜沟等，可以满足不同纹理的雕凿；一类是敲打类，如敲手等，可以在雕刻时作为敲打工具使用；还有一类是锯，如锼弓子（钢丝锯），一般在雕刻透雕时候使用。

（2）材料。明清时期园林建筑中所选用的木材根据用途会有所不同，如用于雕刻时，外檐的材料一般使用质地松软的红楠木等，可以防止因风吹日晒而变形开裂；室内装饰则一般会选择质地较硬的木材，如红木、花梨、紫檀、黄菠萝、樟木、楠木等高级木材。

（三）木作类园林细部中的木雕工艺

木雕工艺在园林建筑中的应用由来已久，《周礼·考工记》中记载，周代已有针对不同材质的制作工艺，如“攻木”等有关雕刻的内容。北宋李诫编写的《营造法式》中，详细记录了宋代的雕刻工艺以及雕刻制度，将雕刻技术分为混雕、线雕、隐雕、剔雕、透雕等五种基本形式。到明清时期，木雕工艺又有了进一步的发展，在皇家宫殿、园林、民间建筑、寺庙等建筑中，木雕装饰应用广泛，如江浙沪等地现存或后期修复的明清私家园林建筑中就留下了很多木雕装饰作品。例如，苏州拙政园、扬州个园、无锡寄畅园、杭州胡雪岩故居等建筑中雕刻较多，在这些园林建筑中，木雕根据部位不同，雕刻的精细程度也略有不同，如外檐的雕刻较为粗糙，内檐雕刻较为精细，在用材和雕刻工艺上更为讲究。

因为木雕在我国历史悠久，工艺传承不断创新，所以木雕是园林细部中木作类最主要的装饰手法，尤其是明清时期的木雕工艺雕刻技法最为娴熟，这体现在建筑构件装饰和木质家具等方面。园林建筑木雕，主要是在梁、枋、雀替、插角、门罩、门楣、裙板、夹堂板、字额等处雕刻精美的图案。

明清时期雕刻更趋向于立体化，雕刻形式主要有采地雕、透雕、贴雕、嵌雕等，木雕的工艺发展进入了新的阶段。

（1）采地雕又称落地雕刻，起源于宋元时期的一种“剔地起突”雕法。采地雕有很强的立体感，可以雕出高低迭落、层次分明的优秀雕刻作品，如在一块板上可雕出亭台楼阁、人物典故、山水树木等多种层次。

（2）贴雕是在采地雕的基础上进行的工艺改革，是把雕刻图案在薄板上雕刻好，贴在平板上，以达到采地雕的效果。贴雕的方法比采地雕省时省力，而且图案花纹四周底面绝对平整。贴雕还可以使用不同种类的木材，将不同颜色的木材拼合在一起，取得很好的艺术效果。

（3）嵌雕是对采地雕立体工艺的改良，是在采地雕所雕的突起画面上另外再镶嵌雕刻好的更加突起的雕刻内容。例如，在有关云龙图案类型的雕刻中，另外再雕刻龙头、凤头、凤翅，镶嵌在上面，形成云龙云凤似隐似现的立体造型。嵌雕与采地雕、贴雕等相同，常用于建筑的裙板、绦环、雀替等构件处的装饰雕刻。

（4）透雕是明清时期常见的雕刻方法之一，可以做到玲珑剔透的艺术效果，从观赏视角出发，可以看到雕饰构件两面的整体形象，所以透雕作品多用于分隔空间。透雕常用于可以两面观看的花罩、牙子、团花、卡子花等建筑装饰构件的雕刻。

（四）木作类园林细部常采用的图案形式和题材

明清两代木作类园林细部所采用的花纹图案的突出特点就是，把理想、观念融于图案之中，追求高雅、富丽、吉祥的寓意。例如，帝王之家追求增福添寿，在建筑中常以蝙蝠、寿字、如意图案寓意福寿绵长、万事如意；文人雅士，常用梅兰竹菊松、博古（古青铜器）等图案装饰他们的住宅，衬托出文雅、清高、脱俗和气节；商贾等追求富贵者，则多以福、禄、寿、喜为题材进行图案装饰；而佛教寺庙、祠堂等建筑的雕刻题材，则多数是佛教故事、典故等等。在古典园林细部的雕刻装饰中所选用的图案，都是和主人的身份、地位、思想观念及理想追求相呼应的。

明清木雕刻的图案形式及应用范围见表7–7。

表 7–7　明清木雕刻的图案形式及应用范围

图案形式	应用范围	象征意义
汉文回文式	匾额边框、家具、床榻、隔扇、裙板	吉祥如意
夔龙夔凤式	家具、床榻、花牙子等	祥瑞
夔蝠式	室内外装修	幸福
蕃草式	宗教、民居园林建筑的内外装修	清雅、高洁、脱俗、富贵
博古	室内装修、家具，如博古架书格等	清雅高洁
云龙腾飞	帝王宫殿的内外装修家具匾额等	象征皇帝的特权地位
翔凤	用于宫殿建筑内外装修	皇帝后妃的尊贵地位

二、砖细

砖自古以来都是一种在建筑中广泛应用的材料。砖细，又称“细砖”，可以理解为在砖基本功能的基础上再进行细致的加工，由此生成的具有装饰性的砖雕。[①]在我国古代建筑中，由于受到历史、社会、经济等多方面的原因，砖细的发展在一定程度上受到制约。虽然如此，在古代建筑中砖还是作为主要的建筑材料来使用的。

① 刘一鸣．古建筑砖细工 [M]. 北京：中国建筑工业出版社，2004.

砖不仅作为墙体结构砌筑材料，还被用作解决建筑实际问题的原材料，如古代工匠在不断建造房屋的过程中积累了大量的经验，发现砖这种材料还具有防潮、防腐的特点，所以工匠在建筑施工过程中，大多利用砖或砖细来进行制作和装饰建筑中易潮腐的重要位置，而且进行艺术化的处理，这些经验都集中反映了我国古代劳动人民的聪明才智。

（一）园林细部中的砖细概述

砖细在古典园林建筑细部中的使用范围十分广泛，比如在古典私家园林中建筑的门楼、门罩、回廊的漏窗、景门上的门楣、漏窗间的嵌画、屏风墙角花，以及榭、阁、厅堂、楼、亭、台等建筑处，都可以根据设计要求，灵活采用砖细处理，达到装饰、美化建筑的艺术效果。除此之外，砖还作为一种耐磨、防水的被覆材料或装饰材料被加以应用，其常见的应用之处如阶基、铺地面、踏道、慢道（坡道）、须弥座、露墙、露道、井等等。《营造法式》中的“窑作制度”所载砖的品种规格见表7–8。

表 7–8　砖的品种规格

品　种	规　格	应用范围
方砖	方 2 尺，厚 3 寸	用于十一间以上殿阁等铺地面
	方 1.7 尺，厚 2.8 寸	用于七间以上殿阁等铺地面
	方 1.5 尺，厚 2.7 寸	用于五间以上殿阁等铺地面
	方 1.3 尺，厚 2.5 寸	用于殿阁、厅堂、亭榭等铺地面
	方 1.2 尺，厚 2 寸	用于行廊、小亭榭、散屋等铺地面
条砖	长 1.3 尺，宽 6.5 寸，厚 2.5 寸	用于铺砌殿阁、厅堂、亭榭等地面
	长 1.2 尺，宽 6 寸，厚 2 寸	用于铺砌小亭榭、行廊、散屋等地面
压阑砖	长 2.1 尺，宽 1.1 尺，厚 2.5 寸	用于阶基外沿压边
砖碇	方 1.15 尺，厚 4.3 寸	用作柱础
牛头砖	长 1.3 尺，宽 6.5 寸，厚度分大小头，大头 2.5 寸，小头 2.2 寸	砌筑拱券之用
走趄砖	长 1.2 尺，宽度上下面不同。上宽 5.5 寸，下宽 6 寸，厚 0.2 寸	用于砌筑收分较大的高阶基或城壁水道
镇子砖	方 6.5 寸，厚 2 寸	

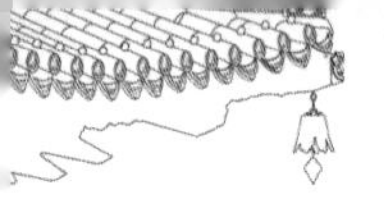

（二）园林细部中的砖雕

砖雕技术在我国历史悠久，战国时期就用来装饰建筑。到了明清时期，砖雕技法成熟，在平民百姓住宅中也出现了砖雕。而且我国有烧制优质青砖的原材料，这也为工匠施展才华提供了条件。砖雕分为窑前雕及窑后雕两种。窑前雕，工艺较为简单，在泥坯上进行雕刻较为容易，但是雕刻不够精细，效果受到烧制过程的影响。窑后雕，是青砖烧制好后再雕刻，这种砖雕刚劲有力、轮廓分明、造型简练，一般圆雕、浮雕多见采用这种方法，但较耗工时，如苏州砖雕就多采用这种方法。《营造法原》记载的砖雕操作步骤："先将砖刨光，加施雕刻，然后打磨，遇有空隙则以油灰填补，随填随磨，则其色均匀，经久不变。砖料起线，以砖刨推出，其断面随刨口而异，分为木面、亚面、浑面、文武面、木脚线、合桃线等。"①

民间砖雕的制作工序大致如下：

（1）制砖。烧制成质地均匀、软硬适中、不含气孔的青砖，然后打磨到表面平直方可。

（2）打样。将设计图案稿平贴在涂抹过石灰水的砖上面或者直接在砖上画稿。

（3）刻样。根据图案纹样用小凿在砖上描刻轮廓，然后揭去样稿。

（4）打坯。先凿出四周线脚，然后进行主纹的雕凿，再凿底纹。这一步完成大体轮廓及高低层次。

（5）出细。进一步深入、精细加工。

（6）磨光。用糙石磨细雕凿极粗的地方，如发现砖质有砂眼，就用砖灰进行修补，待干后再磨光。

（三）园林细部中砖细的特点

园林细部砖细，雕刻图案不仅精雅细腻，而且具有较强的书卷气。砖雕可以说是江南古典园林艺术中一个重要的装饰元素。明清时期江南园林中砖雕目前遗留的相对较多，江苏、上海、浙江等地的古典园林以及民居中都有砖雕传世。明清时期是江南砖雕工艺的蓬勃发展时期，给我们留下了数量众多、种类多样的砖雕园林细部艺术精品，也为我们研究明清时期该地区的砖雕装饰纹样，以及明清时江南地区的经济、政治、人文等提供了一个很好的实物例证。江南地区自古以来就是鱼米之乡，山清水秀，气候宜人，风景优美，人才辈出。江南的文人雅士众多，他们在文学书画和工艺美术方面都颇有建树。另外，南北水运发达，依托运河，明清时期的江南出现了空前繁荣的商品经济，吸引了全国各地的商贾来江南经商，而且也有很多达官贵人都来此定居。商业的繁荣也带来了建筑业的繁荣，园林的修建成为达官

① 姚承祖．营造法原 [M]. 北京：中国建筑工业出版社，1986：72.

贵人、仕宦商贾的时尚，因此园林细部砖细也达到了同期的繁荣。江南地区的园林一般面积不大，但小巧精致，讲究经营布局、以小见大。由于园林细部砖雕图案的格式没有限制，其灵活性更强，在许多单体建筑（如塔、牌坊、照壁等）上，更能发挥其独特的装饰作用。园林细部砖雕虽然朴素不豪华，但却能与周围环境有机地协调在一起，如砖雕门楼，不仅具有建筑结构的作用，还有较之木质材料更防蛀、防腐、防火的功能；而且砖是一种比较普通的建筑材料，坚固耐用、造价便宜。例如，杭州胡雪岩故居仿窗的院墙装饰砖雕，中间是雕刻有寿星、小鹿、祥云内容的扇形图，寓意“福禄寿”，周围为抽象的龙形纹样和精美绝伦的花边，是明显的江南砖雕风格。（图7-6）。其余砖雕示例如图7-7—图7-15所示。

图 7-6　胡雪岩故居砖雕

图 7-7　南京甘熙宅第砖雕 1

图 7-8　南京甘熙宅第砖雕 2

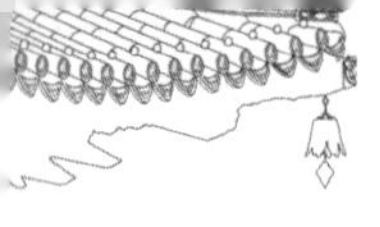

图 7–9　南京甘熙宅第砖雕 3

图 7–10　南京李香君故居砖雕

图 7–11　南京秦大士故居砖雕

图 7–12　上海豫园砖雕 1

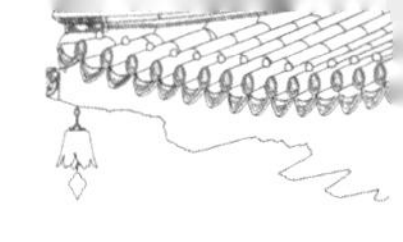

图 7-13　上海豫园砖雕 2

图 7-14　苏州春在楼砖雕

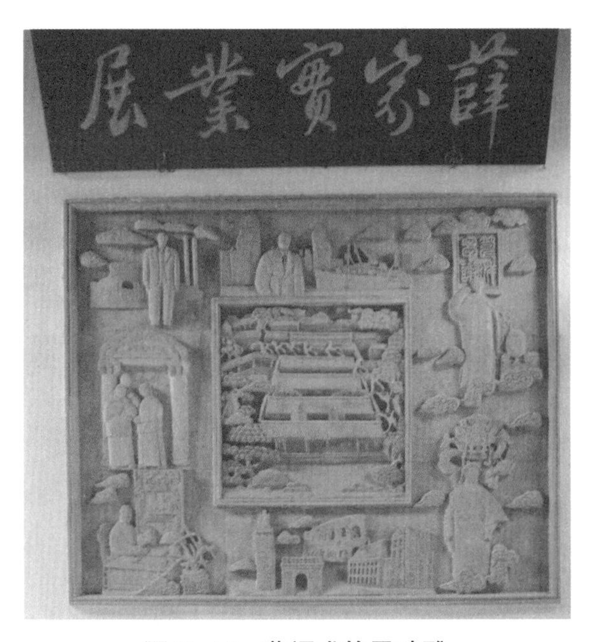

图 7-15　薛福成故居砖雕

三、漏窗（花窗）

漏窗在《园冶》中被称为“漏明墙”，为“透漏空明”的意思。《营造法原》称之为“花墙洞”，“花”主要指其造型图案像花儿一样美丽，“墙”是指位置所在，而“洞”则是说墙内外空透畅通。漏窗是按照人的视线高度（一般高1～1.3 米）在墙上适当位置所开的可以使视线畅通的窗。在江南私家园林中，漏窗形式多样，开窗位置灵活，有的在走廊的旁侧，有的在尽端，有的在院墙的转角处，根据景观的需要处处不同，各有特点，正如计成在《园冶》中所说，“门窗磨空，制式时裁，不惟屋宇翻新，斯谓林园遵雅”。由于中国古建筑的框架结构决定了墙不担负承重作用，所以在设置窗的时候受到的限制就少，故漏窗的出现解决了大片实墙的单调感，形成了院内外通过园墙通透实现景色互借的造园手法。游人的视线随着漏窗而不断变换，移步换景，产生动观的意境。明清时期江南古典园林中的拙政园，是漏窗运用得最多的。

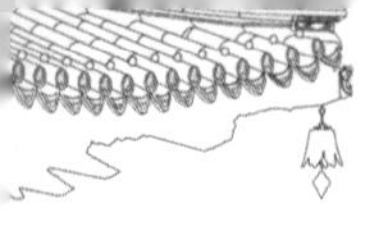

（一）漏窗（花窗）的图案形式

江南园林中漏窗窗框形状较为丰富多样，有方形、多边形、圆形、扇形、海棠形、花瓶形、石榴形、如意形、钟形以及其他各种不规则形状，还有两个或多个形体结合使用的。园林中漏窗窗芯的花纹、图案数量众多，形式灵活多样，取材范围广泛。

（二）江南古典园林中的漏窗（花窗）示例

漏窗在园林中应用广泛，样式多样，位置灵活多变，廊或墙的旁侧、尽端、转角处都可设置花窗。（见图7-16—图7-34）。

图 7-16　胡雪岩故居花窗

图 7-17　留园花窗

图 7-18　南京瞻园花窗 1

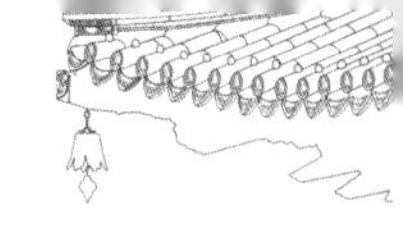

图 7-19　南京瞻园花窗 2

图 7-20　南京瞻园花窗 3

图 7-21　南浔颖园石雕花窗

图 7-22　衢州九华乡民居花窗

图 7-23　上海豫园花窗

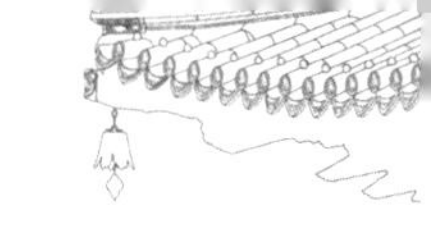

图 7-24 上海醉白池花窗 1

图 7-25 上海醉白池花窗 2

图 7-26 上海醉白池花窗 3

图 7-27　狮子林花窗 1

图 7-28　狮子林花窗 2

图 7-29　退思园花窗

图 7-30　无锡寄畅园花窗

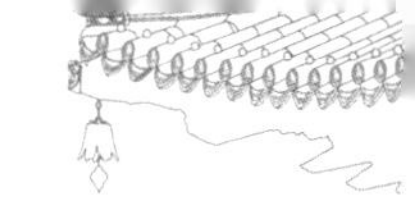

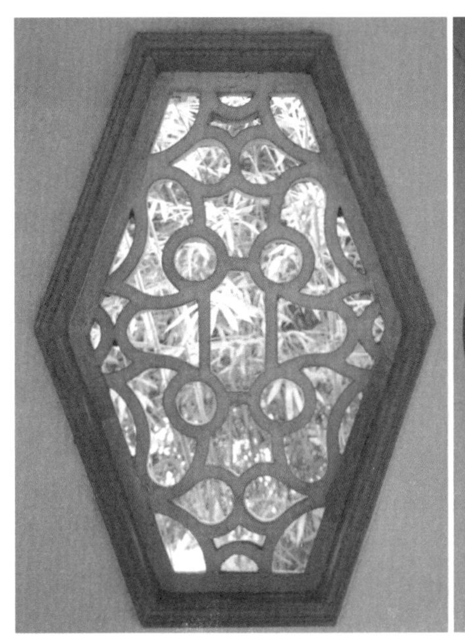

图 7–31　无锡薛福成故居花窗

图 7–32　西湖郭庄花窗

图 7–33　宜兴瀛园花窗

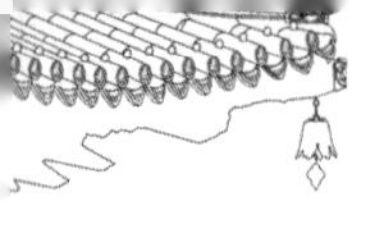

图 7-34　拙政园花窗

四、洞门

在江南私家园林中常见院墙、走廊、亭榭等建筑开门洞，又不装门扇，一般称此为洞门。这样做一是出于功能需要，二是出于造景中借景、框景的需要。

洞门的形状有圆形、方形、六边形、多边形、树叶形、花瓶形等多种样式，洞门边缘一般做造型装饰，有的洞门上有匾额题字（图7-35—图7-52）。

图 7-35 常熟彩衣堂柏园洞门

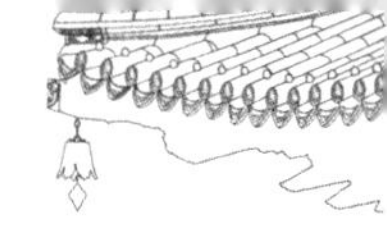

图 7–36　常熟赵园、曾园洞门

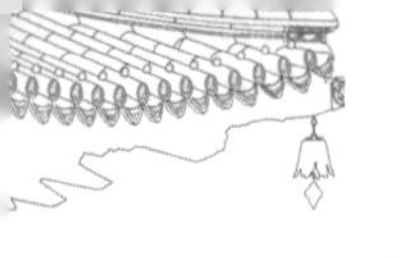

图 7–37 海盐绮园洞门

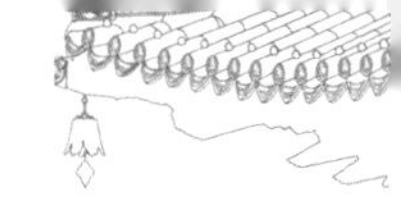

图 7-38　胡雪岩故居洞门

图 7-39　嘉兴莫氏庄园洞门

图 7-40　留园洞门

图 7-41　南京瞻园洞门 1

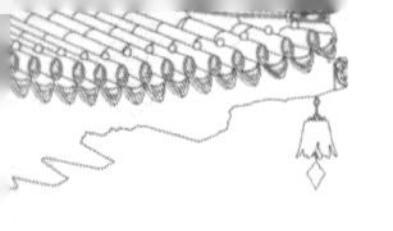

图 7-42　南京瞻园洞门 2

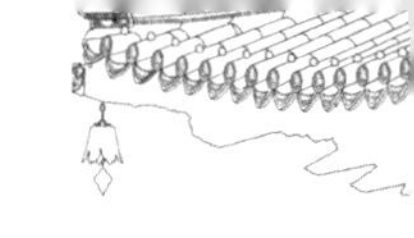

图 7–43　南浔小莲庄洞门

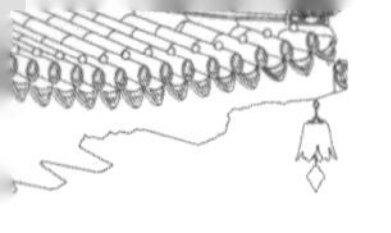

图 7–44　上海豫园洞门

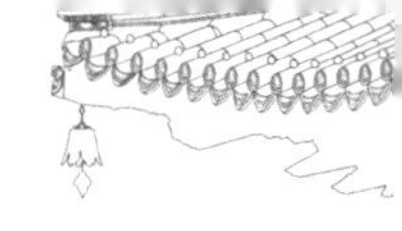

图 7-45　上海醉白池洞门

图 7-46　狮子林洞门

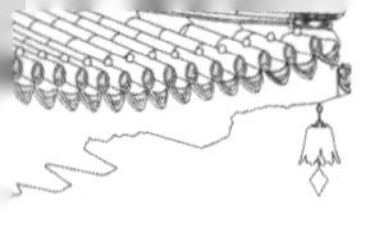

图 7–47　泰州乔园洞门

图 7–48　退思园洞门

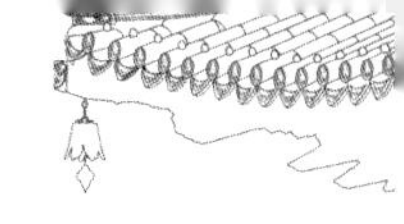

图 7–49　无锡薛福成故居洞门

图 7–50　西湖郭庄洞门

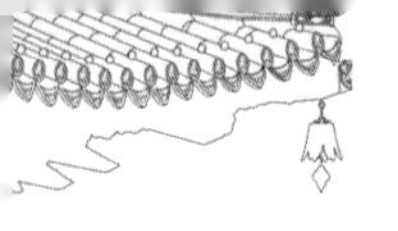

图 7-51 拙政园洞门

图 7–52　宜兴瀛园洞门

五、铺地

铺地作为造园要素之一，在古典园林中十分重要，铺地的纹样、材质等都是造园者抒情写意的重要媒介，可以强化意境，形成典型的“人化”景观。

江南古典园林的铺地在满足使用功能外，样式丰富多彩，所用材料也不追求奢侈豪华，砖瓦卵石等都可以利用，组成图案精美、色彩丰富的各种纹样，如用砖瓦的图案有席纹、人字纹等；又如用砖瓦为图案界线，镶嵌卵石等，图案有六角、套六角、套六方、套八方、海棠、十字灯景、冰裂纹、动植物图案等。在铺地的设计中充分利用中国的传统文化，如神话图腾、吉祥动物、含义丰富的植物等。（见图7–53—图7–73）。

图 7–53　常熟燕园铺地

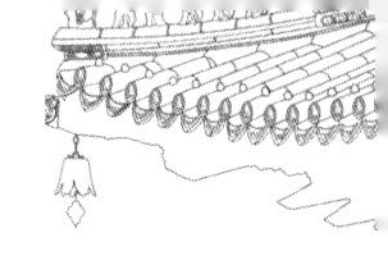

图 7-54　常熟之园铺地

图 7-55　嘉兴莫氏庄园铺地

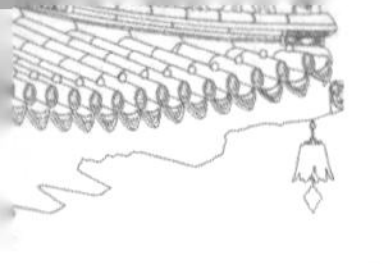

图 7–56　南京瞻园铺地

图 7–57　南京瞻园铺地凤图案

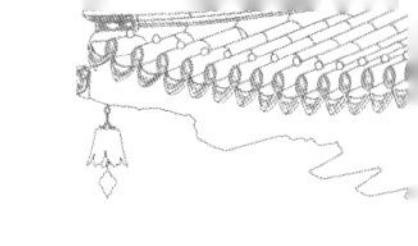

图 7-58　南浔小莲庄铺地

图 7-59　仁本堂（西山雕花楼）铺地

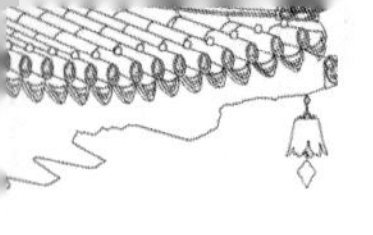

图 7–60　上海豫园铺地 1

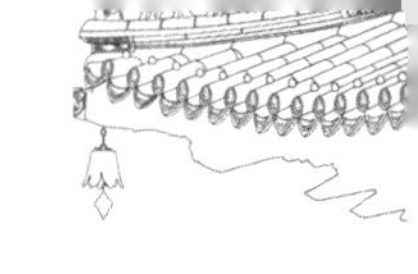

图 7-61　上海豫园铺地 2

图 7-62　上海醉白池铺装

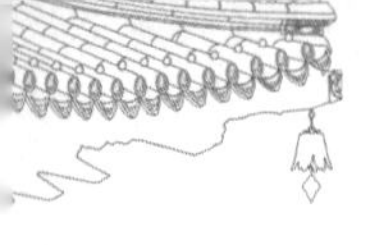

图 7-63 狮子林铺地

图 7-64 狮子林铺装

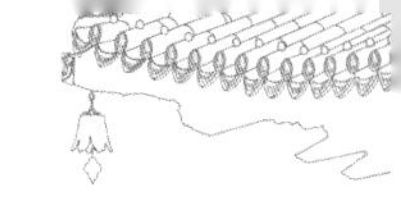

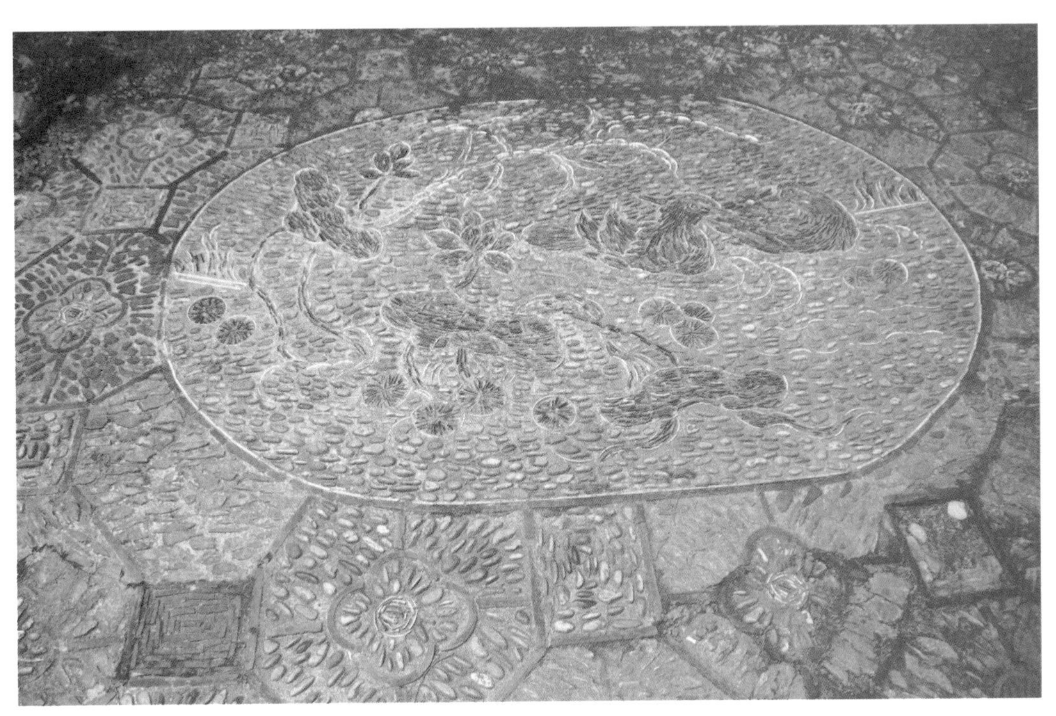

图 7-65　苏州春在楼铺地 1

图 7-66　苏州春在楼铺地 2

图 7-67　泰州高港口岸雕花楼铺地

图 7-68　退思园铺地 1

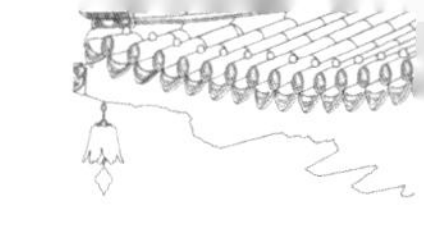

图 7-69　退思园铺地 2

图 7-70　无锡寄畅园铺地

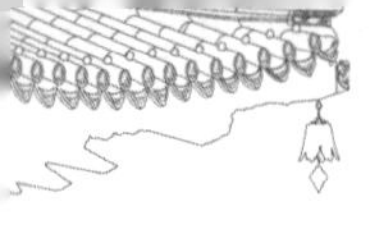

图 7-71 薛福成故居铺地

图 7-72 浙江海盐绮园铺地

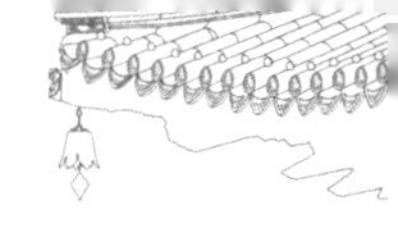

图 7–73　拙政园铺地

六、瓦作

江南古典园林建筑一直以粉墙黛瓦著称，其园林建筑中的瓦作也讲究精雕细凿，能为园林增色不少。常见的瓦有素白瓦、青掍瓦、琉璃瓦等；按形式可将其分为筒瓦、板瓦、檐口筒瓦、线道瓦、条子瓦等。

在园林建筑中，瓦当、滴水是最常见的构件，瓦当可以保护建筑，延长建筑寿命；滴水使雨水，顺其滴下。两者都有纹样装饰，从装饰内容来看，瓦当和滴水可以分为以下几种：画像类、几何纹类、文字类等。但是不管什么图案纹样，都表达的是迎福纳祥、康乐富贵的意识和崇尚心理。瓦当与滴水的造型丰富，融绘画、雕刻于一身，是实用与美术相结合的艺术，在园林建筑中起到锦上添花的作用（图7–74—图7–83）。

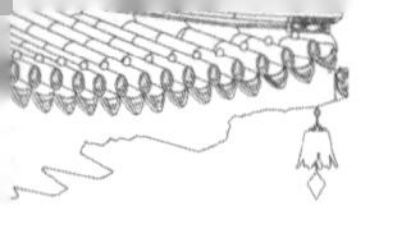

图 7–74　东台郑板桥故居瓦作

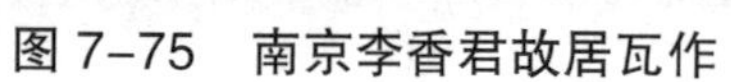

图 7–75　南京李香君故居瓦作

图 7–76　（西山雕花楼）瓦作

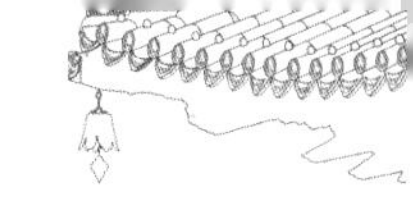

图 7-77　如皋水绘园瓦作

图 7–78 上海豫园瓦作

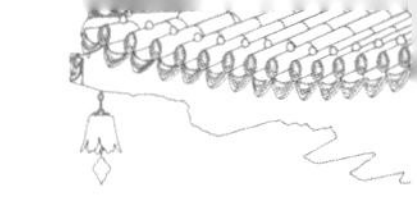

图 7-79　泰州乔园瓦作

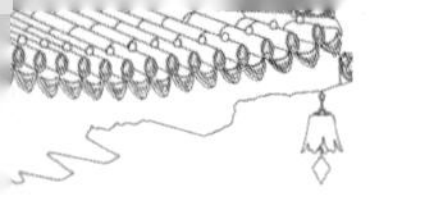

图 7-80 天一阁瓦作

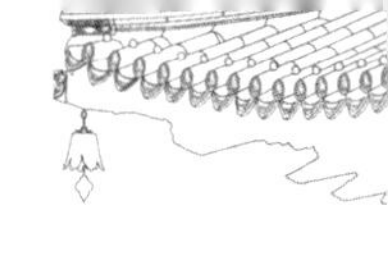

图 7-81　扬州个园瓦作

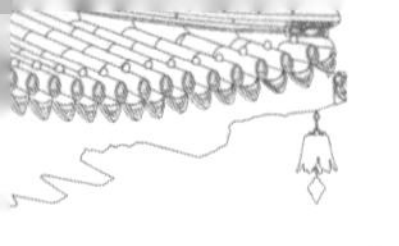

图 7-82 扬州吴道台故居瓦作

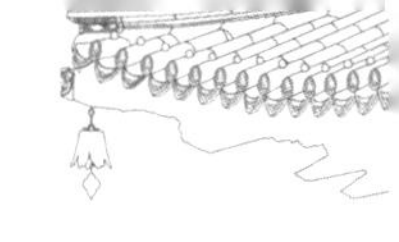

图 7-83　扬州逸圃瓦作

七、石作

古典园林中经常使用石材运用圆雕、浮雕、透雕等技法雕刻出各种园林建筑的构件，这种石作构件既满足了建筑结构的要求，又起到装饰作用。在明清两代的江南园林建筑装饰中，石雕应用广泛，而且雕刻优美精致。古典园林中的石作主要为建筑中的柱础、抱鼓石、栏杆、阶石、地坪石等。

柱础是古建筑中受屋柱压力的垫基石，木架结构的房屋基本必须使用，其作用一是受力、防止木柱下沉，二是防潮，三是美观。柱础常见的样式有圆柱形、圆鼓形、莲瓣形、扁圆形、大小弧瓣形、四方形、六方形、八方形等形状，并雕刻图案，能够提高建筑装饰效果，给人们一种艺术享受，有明显的地方民族特色和传统文化内涵。

抱鼓石一般在主要建筑入口处的大门两侧设立，是作为承托和稳定门板门轴、加固或安装门槛的一个构件。抱鼓石一般有寓意吉祥的精美浮雕，有的主体上还有

图 7-84　嘉兴莫氏庄园石作 1

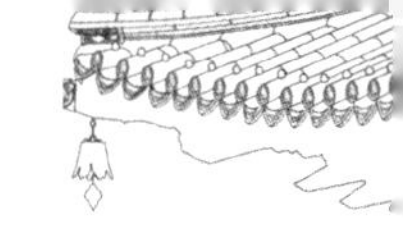

顶端饰物，如狮子、衔环的兽吻头、鼓环等，表达了人们对美好生活的向往。

石栏杆在园林中主要用在走廊、桥栈、花池、楼阁、台榭等处，起到安全围护和建筑装饰的作用。常见的有寻杖栏杆、栏板式栏杆、罗汉栏杆、石坐凳栏杆等样式（图7-84—图7-101）。

图 7-85　嘉兴莫氏庄园石作 2

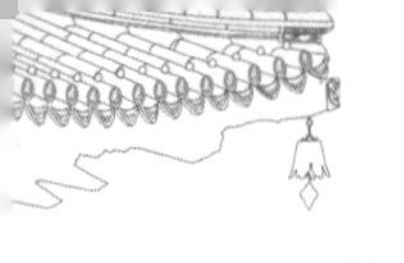

图 7-86　南京秦大士故居抱鼓石 1

图 7-87　南京秦大士故居抱鼓石 2

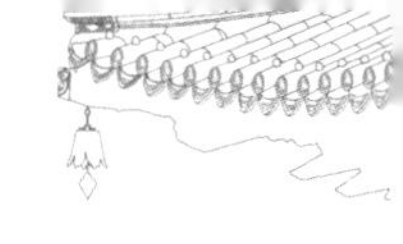

图 7-88　南京瞻园抱鼓石 1

图 7-89　南京瞻园抱鼓石 2

图 7-90　南浔张石铭故居石雕 1

图 7-91　南浔张石铭故居石雕 2

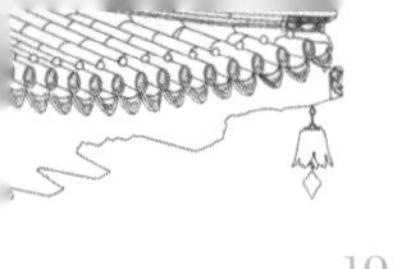

图 7-2　如皋水绘园石作 2

图 7-93　如皋水绘园石作 3

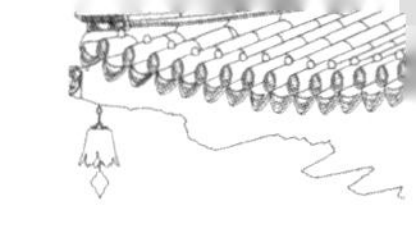

图 7-94　上海豫园石雕狮子 1

图 7-95　上海豫园石雕狮子 2

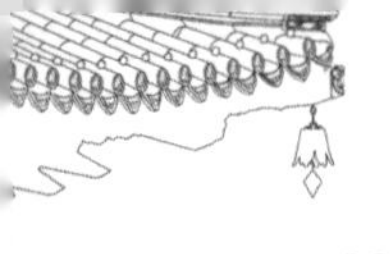

图 7-96 苏州吴中区仁本堂（西山雕花楼）抱鼓石 1

图 7-97 苏州吴中区仁本堂（西山雕花楼）抱鼓石 2

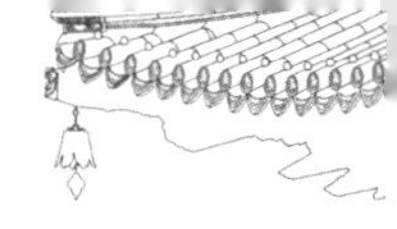

图 7-98 无锡薛福成故居石作 1

图 7-99 无锡薛福成故居石作 2

图 7–100　扬州汪氏小苑石作

图 7–101　张石铭故居石雕

考察江南园林的过程，对我而言是一段艰辛而又快乐的一件事情。艰辛是因为江南私家园林分布较广，从城市到乡村都有私家园林的存在，一路探访可谓路途艰辛；快乐是因为自己对园林的喜爱，从大学毕业到浙江广厦建设职业技术大学工作以来，我一直从事和园林教学相关的工作，从未止步。

刚开始对私家园林的探寻，犹如一般的游客一样，拍拍照，看看景，没有什么深入的思考和见解。随着考察的深入，加上对文献资料的阅读，我发现，古典园林不仅有着华丽的外表，还有深厚的内涵和感人的故事，而每一个私家园林都是一个历经沧桑的故事。虽然现存的古典园林都经历后期的修饰和修建，但这还是掩藏不住沧桑失意之感——园主人已故，这些亭台楼阁还有多少真实呢?

在调研杭州坚匏别墅时，我看到残败的园景，恍惚感受到一丝的悲凉。江南私家园林随着清末民初的民不聊生暴露出园主人的无奈和感叹。然而，私家园林的精粹依然还在。其高超的技艺和成就还是焕发出异样的光彩。

不管是只有遗迹的园林，还是重建的园林，或者依然还保留大致原貌的园林，都是前人留给后人的印记，而且是自然的印记。

在本书成果的研究与撰稿的过程中，我得到很多朋友与同仁的帮助。感谢浙江广厦建设职业技术大学艺术设计学院张伟孝教授的指导和帮助；感谢课题组成员之间的友好合作；深深地感谢我的父母等家人的宽容与支持。在此一并表示感谢。

囿于学识水平，书中很多文字材料参考了网上或书上的资料，定有诸多不足之处，恳请读者批评指正。